国外油气勘探开发新进展丛书

GUOWAIYOUQIKANTANKAIFAXINJINZHANCONGSHU

INTEGRATIVE UNDERSTANDING OF SHALE GAS RESERVOIRS

页岩气藏概论

【韩】Kun Sang Lee 【韩】Tae Hong Kim 著

湛杰 曹杰 译

石油工业出版社

内 容 提 要

本书就围绕页岩气藏及高效开发相关核心问题及关键技术进行了系统性介绍，各章节内容设置合理且环环相扣，深入浅出，同时展示了相关的配套技术在页岩气藏高效开发中的应用，读者可以在学习本书的过程中构建出一个完整的页岩气藏开发实例。通过本书展示的相关示例可以让读者从实际的角度更清楚地了解该章节所介绍的主要内容，以加深对页岩气藏及高效开发相关理论、方法及技术的相关认识。

本书可供从事页岩气藏开发的工程师及相关科研人员阅读参考。

图书在版编目（CIP）数据

页岩气藏概论 /（韩）李坤尚,（韩）金泰亨著；湛杰，曹杰译. — 北京：石油工业出版社，2021.7

（国外油气勘探开发新进展丛书；二十三）

书名原文：Integrative Understanding of Shale Gas Reservoirs

ISBN 978-7-5183-4673-8

Ⅰ. ①页… Ⅱ. ①李… ②金… ③湛… ④曹… Ⅲ. ①油页岩-气田开发-研究 Ⅳ. ①TE37

中国版本图书馆 CIP 数据核字（2021）第 119041 号

First published in English under the title
Integrative Understanding of Shale Gas Reservoirs, *1st Edition*
by Kun Sang Lee and Tae Hong Kim

出版发行：石油工业出版社
（北京安定门外安华里 2 区 1 号楼　100011）
网　址：www. petropub. com
编辑部：（010）64210387　图书营销中心：（010）64523633
经　　销：全国新华书店
印　　刷：北京中石油彩色印刷有限责任公司

2021 年 7 月第 1 版　2021 年 7 月第 1 次印刷
787×1092 毫米　开本：1/16　印张：8
字数：200 千字

定价：48. 00 元

《国外油气勘探开发新进展丛书（二十三）》
编　委　会

序

“他山之石，可以攻玉”。学习和借鉴国外油气勘探开发新理论、新技术和新工艺，对于提高国内油气勘探开发水平、丰富科研管理人员知识储备、增强公司科技创新能力和整体实力、推动提升勘探开发力度的实践具有重要的现实意义。鉴于此，中国石油勘探与生产分公司和石油工业出版社组织多方力量，本着先进、实用、有效的原则，对国外著名出版社和知名学者最新出版的、代表行业先进理论和技术水平的著作进行引进并翻译出版，形成涵盖油气勘探、开发、工程技术等上游较全面和系统的系列丛书——《国外油气勘探开发新进展丛书》。

自2001年丛书第一辑正式出版后，在持续跟踪国外油气勘探、开发新理论新技术发展的基础上，从国内科研、生产需求出发，截至目前，优中选优，共计翻译出版了二十三辑100余种专著。这些译著发行后，受到了企业和科研院所广大科研人员和大学院校师生的欢迎，并在勘探开发实践中发挥了重要作用。达到了促进生产、更新知识、提高业务水平的目的。同时，集团公司也筛选了部分适合基层员工学习参考的图书，列入“千万图书下基层，百万员工品书香”书目，配发到中国石油所属的4万余个基层队站。该套系列丛书也获得了我国出版界的认可，先后四次获得了中国出版协会的“引进版科技类优秀图书奖”，形成了规模品牌，获得了很好的社会效益。

此次在前二十二辑出版的基础上，经过多次调研、筛选，又推选出了《碳酸盐岩储层非均质性》《石油工程概论》《油藏建模实用指南》《离散裂缝网络水力压裂模拟》《页岩气藏概论》《油田化学及其环境影响》等6本专著翻译出版，以飨读者。

在本套丛书的引进、翻译和出版过程中，中国石油勘探与生产分公司和石油工业出版社在图书选择、工作组织、质量保障方面积极发挥作用，一批具有较高外语水平的知名专家、教授和有丰富实践经验的工程技术人员担任翻译和审校工作，使得该套丛书能以较高的质量正式出版，在此对他们的努力和付出表示衷心的感谢！希望该套丛书在相关企业、科研单位、院校的生产和科研中继续发挥应有的作用。

中国石油天然气股份有限公司副总裁 李鹭光

译者前言

随着油气资源需求的不断攀升及常规油气资源勘探开发难度的不断加大，非常规油气资源勘探开发已成为世界油气工业发展的必然趋势、必由之路和必然选择。其中页岩气作为一种新型的非常规天然气资源，以其分布范围广、资源量大等特点正日益受到关注和重视。为减轻空气污染、减少对进口能源的依赖，我国政府制订了大规模开发页岩气的目标。随着页岩油气资源大规模的开发，针对页岩储层开发的各种基础理论及其应用的相关研究已成为焦点和热点。

与常规气藏相比，页岩气藏有着截然不同的储集方式、运移机制等特征：(1) 储集方式多样化——气体主要以吸附气和游离气的方式储集在页岩储层中；(2) 复杂的储层孔隙结构——纳米级粒内孔、粒间孔及微米级裂隙共同发育，孔喉直径极小，渗透率极低，需压裂才能进行商业化开采；(3) 微纳米尺度非达西/非线性运移机制——多尺度孔隙介质结构及储集方式的多样化导致常规只考虑黏性流动的达西方程无法准确描述其运移规律，增加了页岩储层产能预测的难度和不确定性。

由于页岩气藏的特殊性及复杂性，如何正确认识及科学高效开发页岩气藏已成为相关从业者面临的难题。近些年，每年都有大量与页岩气高效开发相关的研究成果、学术论文等问世，但迄今，国内尚缺乏一本较为系统、从理论到实践多层次、多维度全面介绍页岩气藏及高效开发的专著，本书一定程度上就相关问题给出了答案，为此特编译了此书。

本书主要聚焦于页岩气藏及高效开发，对页岩气藏相关的地球物理、开发地质等方面的内容涉及较少。本书第一章绪论部分就非常规天然气及页岩气等进行了一个框架性的概述。第二章页岩储层特征部分，就页岩气藏天然裂缝发育、气体的解吸附、非达西/非线性渗流及储层应力敏感等特征进行了详细介绍。第三章数值模拟部分，通过考虑页岩储层各种特征及复杂渗流机理，本书作者建立了相应的页岩气藏数值模型，并通过历史拟合技术就模型的可靠性进行验证。基于验证过的数值模型，作者深入分析了多级压裂水平井的非稳态渗流力学行为及相应的生产特征，第四章动态分析部分，作者详细介绍了包括小型压裂测试、RTA 及典型曲线拟合等相关动态分析技术，并就相关技术如何反演得到页岩储层相关信息（气藏初始压力、渗透率及裂缝半长等）进行了相应的展示。最后，本书就前沿技术进行了展望，如二氧化碳强化页岩气开发及复杂结构井在高效开发页岩气藏中的应用等。本书对从事页岩气藏开发的工程师及相关科研人员有一定的借鉴价值。

本书第 1 章至 4 章由西安石油大学湛杰编译，第 5 章由西安石油大学曹杰编译，全书由湛杰统稿和定稿。本书获西安石油大学优秀学术著作出版基金、国家自然科学基金项目（52004219）、陕西省自然科学基础研究计划项目（2020JQ-781）、页岩油气富集机理与有效开发国家重点实验室开放基金项目（G5800-20-ZS-KFGY018）、陕西省教育厅科研计划项目（20JS117）资助，在此并表示感谢。

由于编者水平有限，书中难免会有疏漏和不足之处，恳请广大读者提出宝贵意见和建议。

湛 杰

2021 年 4 月

目　　录

第1章　绪　　论

1.1　非常规天然气概述

源于常规油气藏的油气资源正在迅速减少，同时，全球能源消耗稳步增长，仅靠传统油气储量无法满足人类对能源日益增长的需求。根据2015年EIA年度能源展望报告（EIA，2015a，b），主要能源消费总量将从2013年的97.1千兆英热单位（quadrillion Btu）增长到2040年的105.7千兆英热单位（quadrillion Btu），净增长8.6千兆英热单位（quadrillion Btu）（8.9%）。所以人类迫切需要寻找到可接替的油气资源。从技术和经济角度来看，具有可持续性和可再生性特性的能源（开发成本高昂）与相对便宜的不可再生性化石燃料相比不具竞争优势。因此，非常规油气资源接替常规油气资源而进入人类的视野。如图1.1（a）所示，这些非常规资源有多种形式，包括致密气、页岩气、煤层气（CBM）、致密油、页岩油和油页岩。图1.1（b）展示了全球天然气资源金字塔，其中包括每种资源的基本特征和全球油气资源禀赋（Aguilera等，2008；Aguilera，2014）。油气资源禀赋是累计天然气产量、储量和未发现天然气资源量的总和。图1.1（b）展示了不包括天然气水合物的天然气体资源总量约为$68000\times10^{12}ft^3$，其中致密气和页岩气约占70%。

几十年前，地质学家们就已探知在北美大部分地区的地下页岩中存在巨大的油气资源（即页岩油气）。然而，长期以来，这种资源都没能得到有效开发利用。随着技术的进步，油气勘探开发公司使用特殊钻井和储层增产技术（如水力压裂）使得页岩油气的开发在经济上变得可行，页岩气也因此成为美国和其他一些国家油气勘探开发的焦点。根据EIA报告（EIA，2013a），在41个国家的约95个盆地中估计有$7299\times10^{12}ft^3$的技术可采页岩气资源。

作为大多数石油和天然气的烃源岩，全球范围内存在大量技术可采的页岩油气资源（经济上不一定可行）。页岩分布广，在许多能源消耗较高的国家均存在大量页岩油气资源。因此，对某些国家而言，对页岩油气资源的有效开发利用可能降低能源价格以及能源的对外依存度，从而影响地缘政治和经济格局。然而，在现有常规天然气生产匮乏，有一定需求（如人口因素）且同时存在现有的天然气输送等基础设施的地区，页岩气开发前景乐观且意义尤为重大（Rezaee，2015）。

随着常规油气资源的枯竭，页岩气有可能为全球提供巨大的能源补给，因此，页岩气资源受到了极大关注。页岩气藏具有与常规储层不同的一些特征。通常，页岩气储层内发育具有一定导流能力的天然裂缝，对生产井产能有着显著的影响。由于页岩储层在纵向上相对较薄、横向上无限延伸，通常可通过水平井来提高井筒和油气层的接触面积从而提高产量。页岩基质渗透率较低，为了开发超低渗透油气藏，水力压裂技术已被证明是一种有效的手段。水力压裂可使储层产生具有极高导流能力的裂缝，并在井筒周围形成裂缝网络。气体以游离态及吸附态存储在页岩中，因此，页岩气藏表现出长期的非稳态行为和复杂的流态，这使得深入理解页岩气藏压力响应特征具有重要意义。

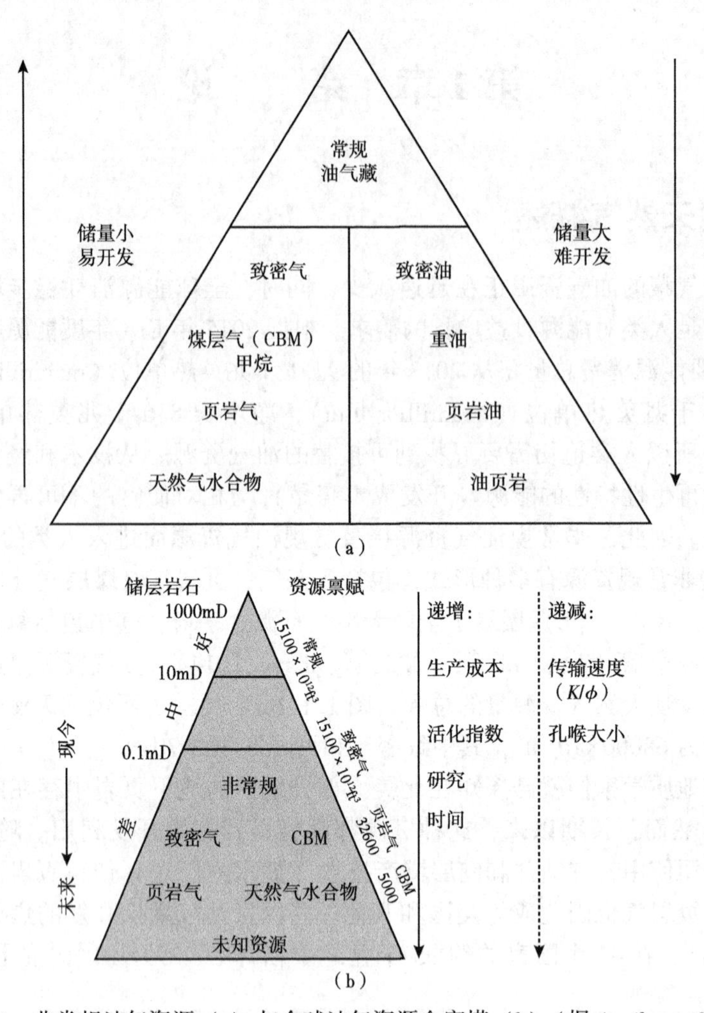

图 1.1　非常规油气资源（a）与全球油气资源金字塔（b）（据 Aguilera，2014）

在美国页岩气生产取得显著成功之后，该国现在页岩气产量已超过常规油气藏的天然气产量，并且其他国家也在追求相同的目标。即便如此，为了在页岩气勘探和开发中取得成功，还需要对页岩有着深入且广泛的理解。本书可为页岩气藏主控因素评估提供一些指导及依据。

1.2　页岩气藏概述

20 世纪后期，天然气由于其环境友好性，在人类生活中扮演了重要角色。目前，大部分天然气（如页岩气、致密气、煤层气以及天然气水合物）为非常规来源。非常规天然气藏被宽泛地定义为不能用传统技术生产的天然气藏（Islam，2014）。事实证明，随着油气开采由常规天然气转向非常规天然气，可用天然气量呈指数增长（Polikar，2011）。图 1.1（b）展示了除天然气水合物外，常规天然气的资源禀赋约为 $15100\times10^{12}ft^3$，非常规天然气（致密气、页岩气和煤层气）的资源禀赋约为 $52700\times10^{12}ft^3$。相较于常规油气藏，非常规天然气的开采更加困难且成本高昂。在这些非常规资源中，页岩气和致密气开采已广泛商业化，随着压裂技术的不断改进，从而提高了产量和降低了开采成本。

图 1.2 概括了大多数主要天然气资源的地质特征（EIA，2010）。页岩是许多天然气资源的烃源岩，但到目前为止，还没有成为油气生产的重点。水平钻井+水力压裂技术使得页岩气成为常规天然气资源的替代性资源从经济上可行。当气体从富气页岩运移到上覆的砂岩地层时，被渗透性差的盖层捕获，形成常规天然气藏，称为圈闭。同时，伴生气与油一起聚积，而非伴生气不会与油一起聚积。在各种地质环境组合中，其中气体从烃源岩运移到砂岩地层，但由于致密砂岩储层渗透率较低，限制其进一步向上运移，形成致密砂岩气藏。煤层气不会从页岩中运移，而是在有机物质转化为煤的过程中产生。

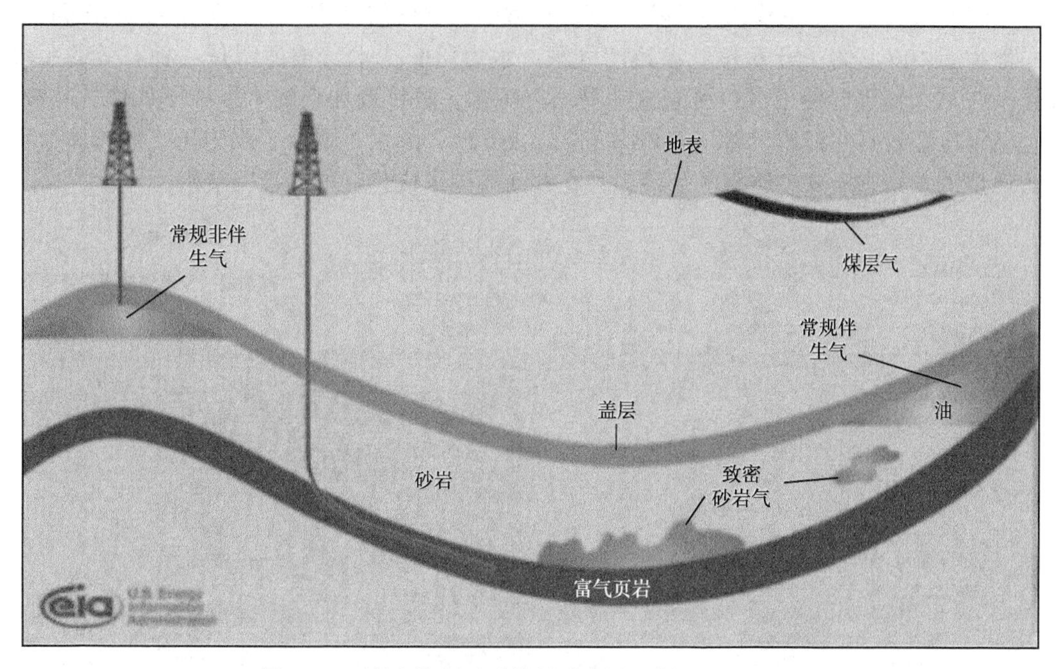

图 1.2　天然气资源地质特征示意图（据 EIA，2010）

近年来，由于技术的创新与发展，美国率先实现了对页岩气藏的开发，其天然气生产蓬勃发展，有效地降低了电力成本，并使石化和制造业受益。更重要的是，它使美国二氧化碳排放量下降。EIA 报告（2013b）显示，自 1994 年以来与目前能源相关的二氧化碳排放量处于最低水平，并在 2007 年至 2012 年间下降了 12%。因此，廉价的天然气加速了美国全国效能低下煤电厂的关闭。

页岩气储层通常是成熟的石油烃源岩，其中高温和高压环境将烃源岩中有机质转化为天然气。页岩气藏的特征与典型的常规储层不同。页岩是一种裂隙发育的泥岩，由 4～60μm 的粉砂颗粒及小于 4μm 的黏土颗粒组合，页岩中包含大量的矿物碎屑（Rezaee，2015）。页岩层理结构明显，通过长时间（数百万年）沉积、压实的沉积岩（沙、粉砂、泥、腐烂植物、动物及其他微生物）而形成。除矿物碎屑外，页岩油气藏还包括少量有机质。有机质在上覆应力和高温条件下转化为烃。它还在局部产生较大的静水压力，由于流体膨胀力，可能导致狭缝型孔隙的产生。页岩中的孔径跨度较大，可小于2nm或高达2μm。纳米孔导致较大的毛细管力，降低了组分的临界压力和温度，从而引起油藏流体的相包络线的变化，同时导致毛细管冷凝效应和孔壁处的气体分子的滑脱（Knudsen流）。由于基质渗透率较低，达西流动（对流）变得相对较弱，以至于分子扩散在流体从基质向微观和宏观裂缝的传质过程中起着重要的作用。油气丰富页岩储层通常是油湿的，而致密砂岩通常是水湿的。在页岩气藏中，吸附态和游离态气体共存。基质孔隙空间和天然裂缝中存在游离气体，吸附态气体吸附在基质颗粒表面和天然裂缝壁面上（Song等，2011）。一些研究表明，气体解吸可能占气体总产量的5%~30%，但这种影响是在生产后期观察到的（Cipolla等，2010；Thompson等，2011；Mengal和Wattenbarger，2011）。

页岩储层具有极低的渗透率和孔隙度。典型的页岩储层基质渗透率为1~100nD和孔隙度一般小于10%。为了开发超低渗透油气藏，水力压裂技术已被证明是一种有效的手段。美国90%的天然气井使用水力压裂这一种增产工艺，数百万加仑的水、沙子和化学品被注入地下以压裂岩石并释放天然气（Propublica，2012）。图1.3展示了水力压裂的具体过程。水力压裂诱发具有极高渗透率的裂缝，并在井筒周围形成相互连接缝网结构。

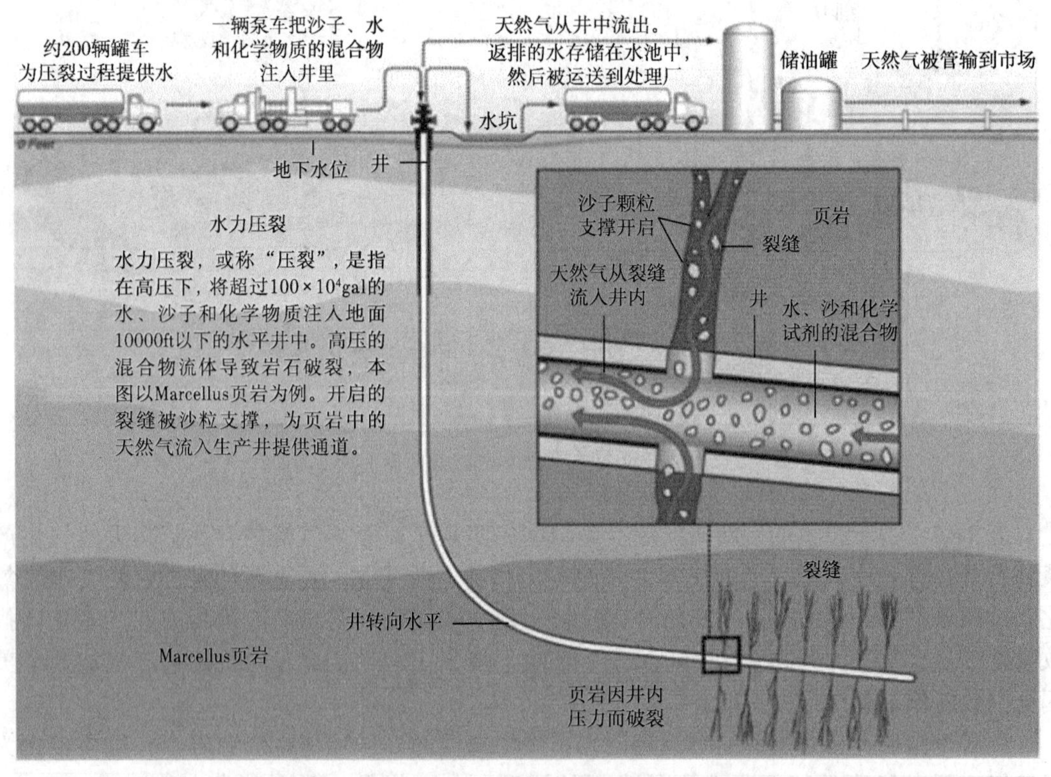

图1.3 水力压裂示意图（据Propublica，2012）

由于页岩气储层相对较薄且储层横向展布，因此通常通过水平井来增加井筒和产油层的接触面积从而提高产量。井筒与储层接触面积的增加有利于流体从储层流入井筒。为了有效地钻进储层，钻井工程师沿着平行于最小水平应力方向钻进。然后，完井工程师在每口井实施多级水力压裂产生大量横切井筒的水力裂缝，以增加泄油面积。水平井段的长度范围为4000~10000ft（美国Eagle Ford页岩的水平井段长约为5000ft，Bakken页岩的水平井段长约为9000ft），同时多级水力压裂产生20~50个横切井筒的水力裂缝。每口水平井通常相距350~1200ft（Eagle Ford页岩水平井井距为350~700ft，Bakken页岩水平井井距为1200ft）。超低渗透率页岩气藏的产能取决于与井筒连通的缝网与页岩基质接触的总面积。多级水力压裂在井筒泄油区域形成双重孔隙的渗流环境，称为“储层改造区域（SRV）”。双孔隙渗流环境使油气更容易从基质的小孔隙流到微观/宏观裂缝，从而流入井筒。相较生产过程，流体注入储层过程中流体从井筒流入裂缝最后波及孔隙的流动效率相对较低。为了判定SRV的双重孔隙性质，油藏工程师将非稳态测试的渗透率与岩心的渗透率进行了比较。如果瞬态测试渗透率远大于岩心渗透率，则可以得出结论，水力压裂已诱发宏观裂缝，从而导致有效渗透率大于岩心绝对渗透率。

页岩气藏的主要地质特征通常根据有机物地化特性，如有机物含量、厚度、热成熟度和矿物组成来评估。为了成功开发页岩气藏，需要较高的有机质含量（TOC）、热成熟度及相对厚度和较低黏土含量/较高脆性矿物含量（Rezaee，2015）。页岩气有机地化属性与沉积环境相关，与常规烃源岩地化属性相似。湖泊相页岩、海相页岩和陆地/煤层相页岩通常与Ⅰ型、Ⅱ型和Ⅲ型干酪根相关（Gluyas和Swarbrick，2009；Caineng等，2010）。目标TOC（干酪根质量分数）值与厚度和影响气体产能的其他因素有些相关。对于商业化开发页岩气藏，Rezaee（2015）指出目标TOC至少为3%，而LU等（2012）认为，2%的TOC通常被视为美国商业生产的下限。也就是说，页岩气藏间，TOC差异很大。储层厚度是商业化开发页岩气藏的众多筛选指标之一。例如，北美页岩气产层的有效厚度范围从6m（Fayetteville，U. S. A.）到304m（Marcellus，U. S. A.）（Caineng等，2010）。Caineng等（2010）认为，商业化开发页岩储层有效厚度为50m，其中储层是连续的同时TOC大于2%。TOC仅表征页岩气藏潜力。页岩储层中实际气体的聚集需要有机物转化为气体，这与热成熟度相关（Lu等，2012）。通常情况下当镜质组反射率（R_o）值约0.7%（Ⅲ型干酪根）至1.1%（Ⅰ型和Ⅱ型干酪根），大量的页岩气生成，相当于储层埋深为3.5~4.2 km（Gluyas和Swarbrick，2009）。然而，最有利的情况是，镜质组反射率值的范围为1.1~1.4（Rezaee，2015）。矿物学在评价页岩储层时起着核心作用，因为矿物对造缝有着重要影响。脆性矿物如石英、长石、方解石和白云石有利于形成复杂缝网。根据Caineng等的说法（2010），脆性矿物含量应大于40%，以实现大面积的裂缝扩展。Lu等（2012）认为，在美国主要页岩气产区，脆性矿物含量一般大于50%，黏土含量小于50%。简而言之，高黏土含量导致页岩储层的延展性响应，在压裂过程中页岩变形而不是破碎。

根据EIA报告（2014年），到2035年，天然气将超过煤炭成为美国发电用燃料的最大来源。该报告预计，天然气发电所占比例将稳步增长，天然气电厂产能占新增产能的70%以上。在这种情况下，页岩气是美国天然气供应的最大增长源。图1.4展示了按来源分类的美国天然气生产历史和未来趋势（EIA，2014）。在参考案例中，2012年至2040年天然气总产量增加56%是由于页岩气、致密气和海上天然气资源开发的增加。页岩气产量是最大的贡献者，增长超过了$10\times10^{12}ft^3$，从2012年的$9.7\times10^{12}ft^3$增加到2040年的$19.8\times10^{12}ft^3$。页岩气在美国天然气总产量中的份额从2012年的40%增加到2040年的53%。从2012年到

2040 年，致密气产量也增加了 73%。

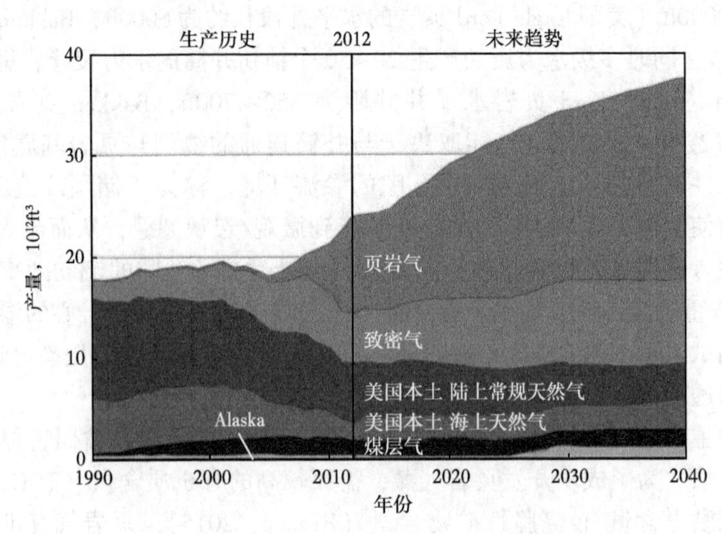

图 1.4　1990—2040 年按来源分类的美国天然气产量（据 EIA，2014）

图 1.5 展示了页岩盆地的位置和区域（EIA，2013a）。深灰色区域代表具有页岩储层的盆地位置，在考虑相应风险的情况下估测了原油和天然气地质储量及技术可采储量。浅灰色区域代表经过评估的盆地位置，但没有提供页岩资源估算值，主要是由于缺乏进行评估所需的数据。报告中未对白色区域进行评估。图 1.5 展示了 41 个国家的 137 个页岩储层。EIA 同时评估了世界技术可采页岩油为 3450×10^8bbl，世界技术可采页岩气为 $7299\times10^{12}ft^3$（EIA，2013a）。表 1.1（EIA，2013a）以国家或地区为单位分别列出了未经证实的技术可开采页岩油气资源的估算情况。

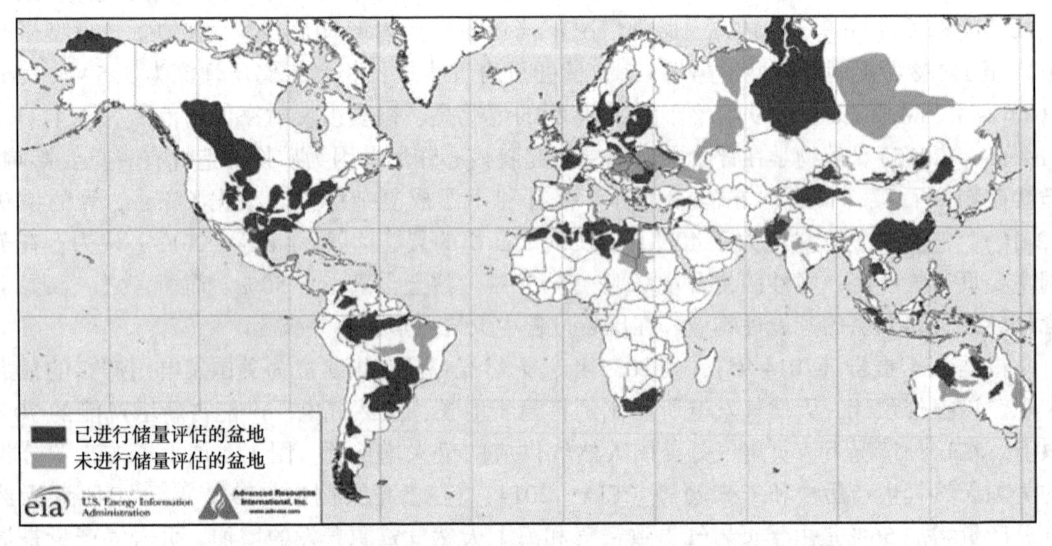

图 1.5　页岩油气储层盆地图（据 EIA，2013a）

表 1.1 世界上未经证实的技术可开采页岩油气资源（EIA，2013a） 单位：10^6bbl

区域	选定的国家或地区	2013 年 EIA / ARI 未经证实的页岩湿气技术可采资源量（TRR）	2013 年 EIA/ARI 未经证实的页岩油技术可采资源量（TRR）
欧洲	保加利亚	17	200
	丹麦	32	0
	法国	137	4700
	德国	17	700
	荷兰	26	2900
	挪威	0	0
	波兰	148	3300
	罗马尼亚	51	300
	西班牙	8	100
	瑞典	10	0
	英国	26	700
	小计	470	12900
原苏联地区	立陶宛	0	300
	俄罗斯	287	75800
	乌克兰	128	1100
	小计	415	77200
北美地区	加拿大	573	8800
	墨西哥	545	13100
	美国	567	58100
	小计	1685	80000
亚太地区	澳大利亚	437	17500
	中国	1115	32200
	印度尼西亚	46	7900
	蒙古国	4	3400
	泰国	5	0
	小计	1607	61000
南亚地区	印度	96	3800
	巴基斯坦	105	9100
	小计	201	12900

续表

区域	选定的国家或地区	2013年EIA / ARI未经证实的页岩湿气技术可采资源量（TRR）	2013年EIA/ARI未经证实的页岩油技术可采资源量（TRR）
中东和北非地区	阿尔及利亚	707	5700
	埃及	100	4600
	约旦	7	100
	利比亚	122	26100
	摩洛哥	12	0
	突尼斯	23	1500
	土耳其	24	4700
	其他	8	200
	小计	1003	42900
撒哈拉以南非洲地区	毛里塔尼亚	0	100
	南非	390	0
	小计	390	100
南美洲和加勒比地区	阿根廷	802	27000
	玻利维亚	36	600
	巴西	245	5300
	智利	48	2300
	哥伦比亚	55	6800
	巴拉圭	75	3700
	乌拉圭	2	600
	委内瑞拉	167	13400
	小计	1430	59700
	全球	7201	345000

页岩气能提供更便宜、更清洁能源的可能性引起了世界各国政府的关注。如果能够实现开发世界上最大页岩气储量的必要创新，中国可能能够减少对煤炭的依赖，转向低碳经济（Tian等，2014）。像英国这样的欧洲国家也在探索开采页岩气的可能性。

但是，谨慎是有道理的。除美国以外，压裂技术的大规模实施面临着重大阻碍。中国新兴产业面临相关技术瓶颈，如水源不足和基础设施薄弱的困扰（Hu和Xu，2013）。在中国，钻一口页岩气探井的成本仍远高于美国。在欧洲，挑战可能是来自政治和法律上的（Helm，2012）。与美国不同，欧洲土地所有者不会自动拥有从其土地下开采矿产资源的权利，这使得新的开采工厂的建设面临诸多政治困难（Gold，2014）。

因此，页岩气有可能成为非常重要的天然气来源，并有可能大大增加全球许多国家的天然气资源。正如 Ridley（2011）所述，页岩气的重要性和未来将受到各种其他问题的相互影响，其中包括以下主要因素：（1）由于产量增加导致的天然气价格下跌；（2）由于天然气使用领域的增加导致的对天然气需求的增长；（3）技术创新带来的生产成本的降低。为了更好地理解页岩气藏，本书从油藏工程角度提供了相关综合技术资料。

1.3 历史回顾

美国第一次使用页岩气可以追溯到 1821 年，当时在纽约州 Chautauqua 县的泥盆系 Dunkirk 页岩钻了一口浅井（表 1.2）。生产、运输和销售天然气到 Fredonia 镇的当地公司（Peebles，1980；David 等，2004）。在此之后，沿伊利湖（Lake Erie）海岸线钻了数百口浅页岩气井，并最终在 19 世纪后期沿湖的东南部建立了几个页岩气田（David 等，2004）。然而，由于 1859 年开发的 Drake 井常规气藏产量较高，因此抑制了页岩气的开发（表 1.2）（Peebles，1980）。1860 年至 1970 年间，页岩气工业的主要阶段是 1863 年在肯塔基州西部及 20 世纪 20 年代在西弗吉尼亚州发现了页岩气藏，以及 20 世纪 40 年代首次使用的水力压裂技术（表 1.2）。

表 1.2 1821 年至 1940 年间美国页岩气开发的主要进展（据 Wang 等，2014）

时间	简要介绍
1821 年	1821 年，第一口井在纽约 Chautauqua 县的泥盆系 Dunkirk 页岩中进行钻探。天然气被用来照亮 Fredonia 镇
1859 年	Drake 井于 1859 年在宾夕法尼亚州西北部的 Venango 县的樱桃树乡开发油气资源。Drake 井的开发表明，石油可以大量生产。因此，该井被视为有史以来最重要的油井之一
19 世纪 60 年代至 20 世纪 30 年代	（1）页岩气开发沿伊利湖南岸向西扩展，并于 19 世纪 70 年代到达俄亥俄州东北部。1863 年，在伊利诺伊盆地的肯塔基州西部发现了天然气。 （2）到 20 世纪 20 年代，页岩气井的钻探已经发展到西弗吉尼亚州、肯塔基州和印第安纳州。 （3）到 1926 年，肯塔基州东部和西弗吉尼亚州的泥盆系页岩气田是世界上已知最大的天然气发现
20 世纪 40 年代以后	水力压裂技术首先应用于油气井增产。1947 年，水力压裂技术在堪萨斯州 Grant 县第一次被泛美石油公司应用于气井增产

1973 年和 1979 年的石油危机导致了美国能源短缺和高油价的问题，由此促使美国政府投资研发和发展替代能源示范工程，其中包括来自页岩储层的天然气。同时，高油价吸引私人企业投资于非常规天然气勘探与开发（Henriques 和 Sadorsky，2008；Cleveland，2005；Bowker，2007；Montgomery，2005）。

在 20 世纪 70 年代之前，得克萨斯州的 Barnett 页岩和宾夕法尼亚州的 Marcellus 页岩等深层页岩气藏已被发现，但因其极低的渗透率，对它们的开发还无法实现盈利（Curtis，2002；NETL，2011；Loucks 和 Ruppel，2007）。在 20 世纪 70 年代末，美国能源部（DOE）发起的东部页岩气项目（EGSP），包括一系列的地质、地球化学和石油工程相关研究，以评估页岩气潜力，同时大规模动用位于美国东部阿巴拉契亚盆地、伊利诺伊盆地和密歇根盆地的泥盆系和密西西比系富含有机质的黑色页岩，从而提高天然气产量（Soeder，1988；Curtis，2002；NETL，2011；Loucks 和 Ruppel，2007）。除提供研发支持外，1977 年还成立了天然气研究所（GRI）（AGF，2007）。GRI 统一管理公共研发计划，这些被资助的公共研发计划是基于旨在将研发（R&D）成本传递给最终客户的机制而制订的。几年后，用于能源行业的科研经费，特别是针对天然气供应的研发资金大幅增加。在此期间，20 世纪 80 年代和 90 年代初，GRI 研发项目扩展到包括供应、运输、分配及终端使用等相关的领域。20 世纪 90 年代末，美国国家能源技术实验室（NETL）成立。由 NETL 领导的综合研究计划的启动主要是为了防止美国天然气基础设施老化导致的管道损坏。在同一时期，GRI 进行了重组以应对近期的行业影响。2000 年，GRI 和天然气配送行业的研发实验室（IGT）合并成为天然气技术研究所（GTI）（图 1.6）（AGF，2007）。

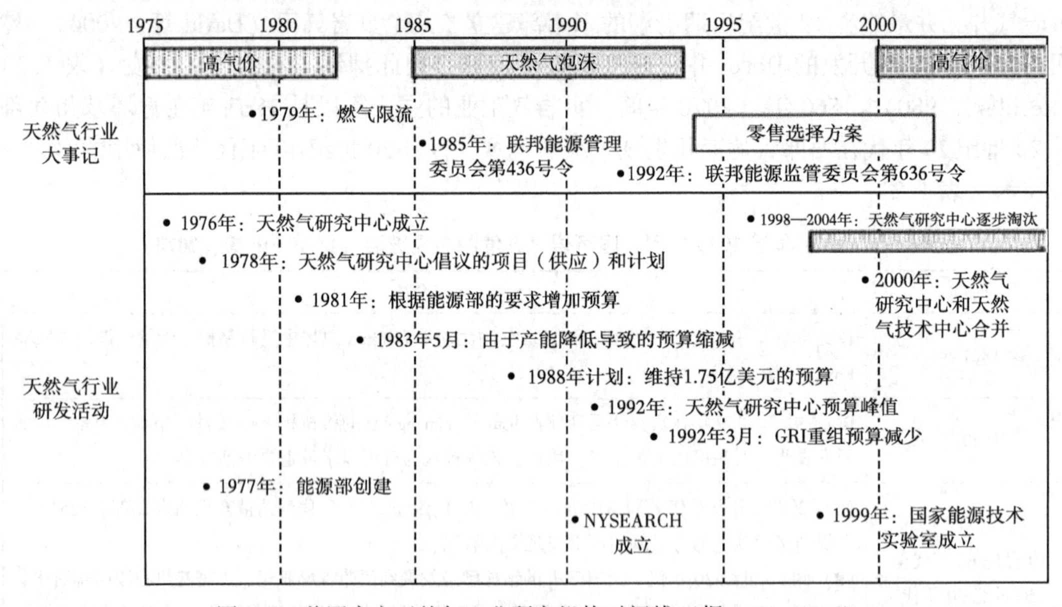

图 1.6　美国官方天然气工业研究机构时间线（据 AGF，2007）

与此同时，一些石油和天然气公司创新地进行了更大规模的压裂方案设计、精细化油藏描述、水平钻井和降低生产成本措施，通过水力压裂方法使页岩气开采具有了经济效益（EIA，2011；Montgomery，2005；Kvenvolden，1993）。其中，最著名的是米切尔能源开发公司。该公司在 1981 年至 20 世纪 90 年代初期一直致力于各种水力压裂工艺的研究，对得克萨斯州北部的 Barnett 页岩进行了试验性开采。但是约 30 口测试井中大部分的产量获益都不足以弥补开采成本。该公司对其中产生最大回报的测试结果进行了分析和重新测试，直到最终找到了水力压裂开发页岩气的优化方案（EIA，2011；Gidley，1989；Fjær 等，2008；Kutchin，2001；Gardner 和 Canning，1994）。米切尔能源开发公司开发的水力压裂工艺措施改变了石油和天然气工业的格局（EIA，2011；Pickett，2010；Gidley，1989；Kutchin，2001；Becchetti 等，2005）。

总之，由政府和各企业共同努力促进了页岩气产量的快速增长。1979—2000 年间，美国页岩气产量增加了 7 倍多（EIA，1999）。

自2000年以来，人们对于页岩气藏的开发有了更大的信心。首先，钻井技术更先进。2002年，德文能源公司出资35亿美元现金和股票收购米切尔能源开发公司。德文能源公司采用了水平钻井技术，使页岩气井的生产效率更高。在那之后的短短几年里，钻井技术不断进步、不断发展，许多勘探开发公司都采用水平钻井来开发非常规油气资源。水平钻井与水力压裂技术相结合，大大提高了低渗透页岩气藏的开发效益（EIA，2011；Wang，2011；Pickett，2010；Bowker，2007；Kutchin，2001；Martineau，2007；Wang 和 Chen，2012）。

其次，自2003年以来，由于石油和天然气价格的上涨，使页岩气的经济吸引力比以往任何时候都要大（Owen 等，2010；Heinberg 和 Fridley，2010）。从20世纪80年代中期到2003年，原油价格普遍低于25美元/bbl（BP，2011）。2003年原油价格上涨至30美元/bbl以上，2005年达到60美元/bbl，2006年超过75美元/bbl，2007年达到近100美元/bbl，2008年达到140美元/bbl的最高点。最后，自2000年以来市场对天然气价格通胀的预期导致美国的天然气产量下滑。如图1.7所示，美国的天然气产量在21世纪初缓慢地稳步下滑。在21世纪初期，预计美国天然气价格会随着市场供应量的紧张而上涨（Burke，2012；Rogers，2011；The Perryman Group，2007）。

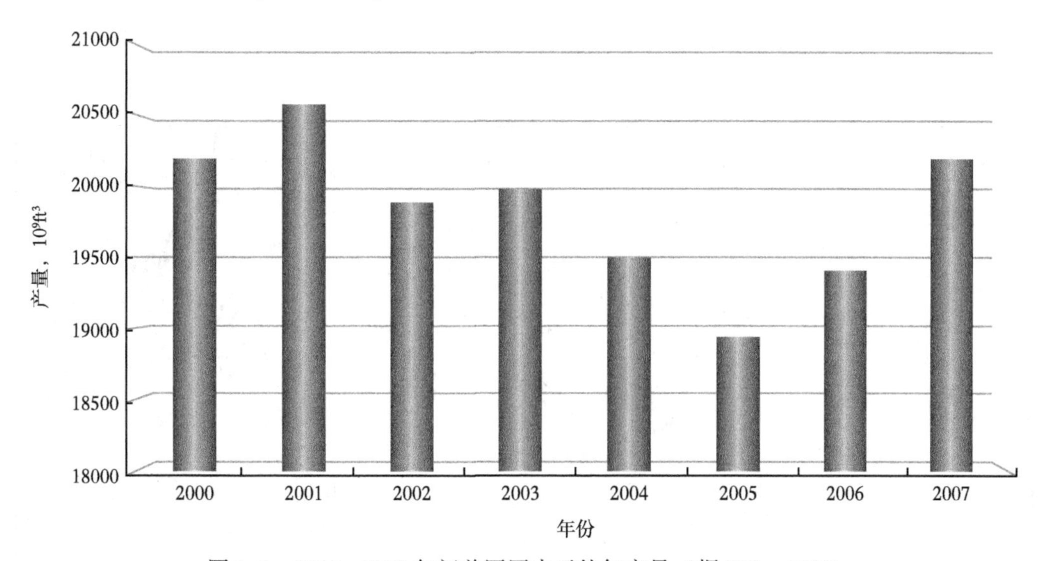

图1.7 2000—2007年间美国国内天然气产量（据 EIA，2015）

由于对页岩层天然气生产能力的信心日益增强，上游石油和天然气公司积极进入页岩气业务。德文能源公司、古德里奇石油公司和XTO能源等独立能源公司的天然气钻探急剧增加。这可以通过 Barnett 页岩区块的开发来证明，Barnett 页岩区块的资源量是当时美国陆上天然气田中的最大可采储量（图1.8）（Jarvie 等，2007；Bowker，2007；The Perryman Group，2007）。从1997年到2009年，在 Barnett 页岩区钻探了超过13500口气井（图1.9）。因此，Barnett 页岩区的天然气产量急剧增加（图1.10）。2004年，Barnett 页岩区的天然气产量超过了历史上其他浅层页岩区块的产气量，如阿巴拉契亚俄亥俄页岩和密歇根盆地 Antrim 区块（NETL，2011）。

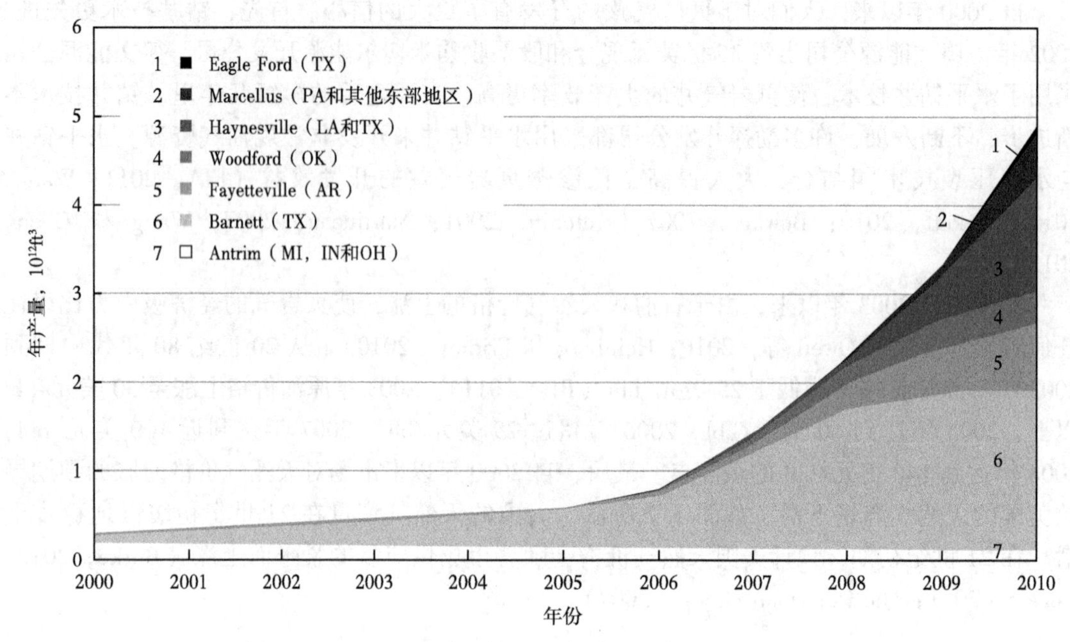

图 1.8　2000—2010 年美国页岩气产量（据 Newell，2011）

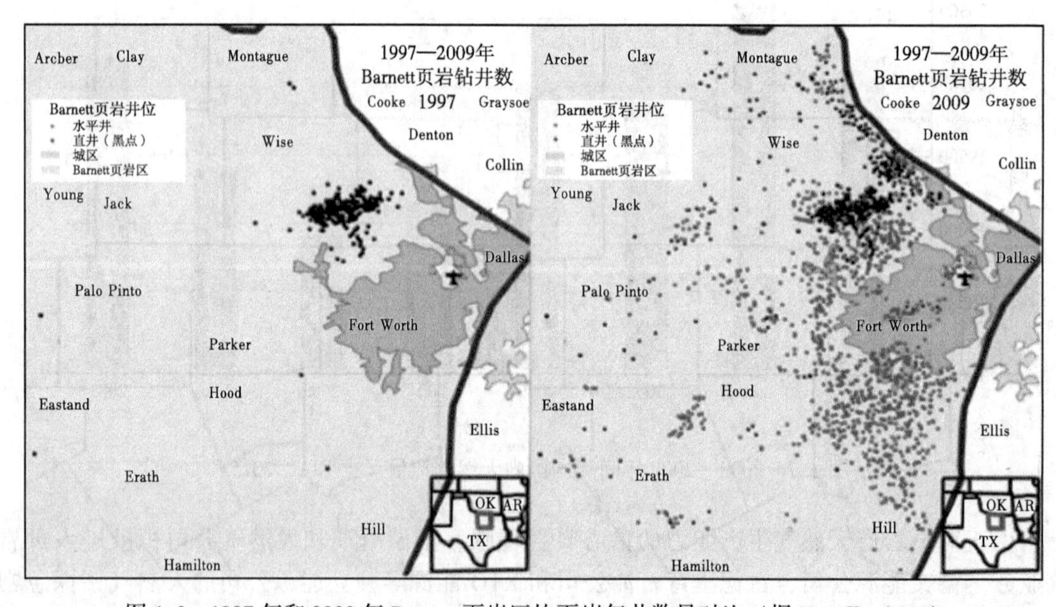

图 1.9　1997 年和 2009 年 Barnett 页岩区块页岩气井数量对比（据 Newell，2011）

受到 Barnett 页岩成功开发的启示，石油和天然气公司迅速进入其他页岩区块，包括 Fayetteville Haynesville，Marcellus，Woodford，Eagle Ford 等其他页岩区（EIA，2011）。对这些新矿区的大规模开发，使得美国页岩气产量从 2006 年的 1.0×10^{12}ft³ 增加到 4.87×10^{12}ft³，占 2010 年美国天然气总产量的 23%（EIA，2011）。

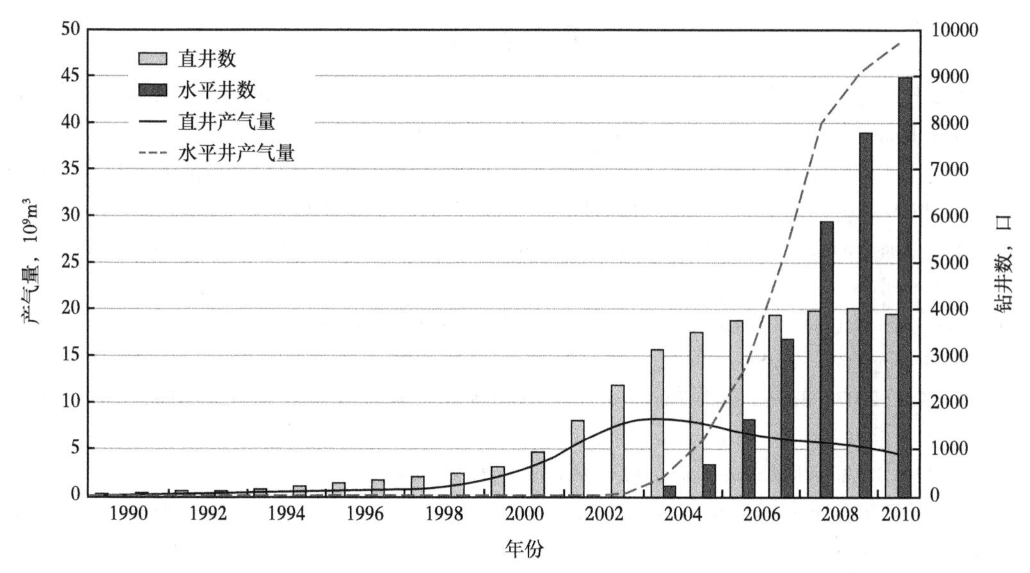

图 1.10　1990 年至 2010 年 Barnett 区块的钻井数和天然气产量（据 Newell，2011）

1.4　本书的范畴和架构

虽然页岩气行业近些年来取得了快速发展，但行业内认识差距较大。由于页岩气储层具有与常规储层不同的特征，因此对页岩气储层特性及相关动态特征的准确评估需要对储层和流体特征进行综合且深入的理解。本书提供了理解页岩气藏所需的全面知识及方法。它涵盖了页岩气藏的总体概况，如天然裂缝系统、甲烷的吸附/解吸、纳米孔中的扩散以及储层中的非线性流动。此外，本书还详细介绍了在超低渗透油藏中具有重要意义的地质力学建模。基于该模型，分析了页岩气藏多级压裂水平井的压力响应和生产特征，并对储层和裂缝性质进行了分析。本书还提供了评估页岩气储层性质的方法。此外，本书还包含页岩气藏相关的前沿研究，二氧化碳的注入和复杂结构井。本书涵盖了对页岩气藏综合深入的认识以及最先进的页岩储层特征描述方法和中长期产能评价方法。

本书由五章组成，包括了页岩储层特征、数值模拟、产能分析和技术发展趋势。在引言中，描述了本书的目标和页岩气藏的基本特征。页岩储层特征这章详细介绍了页岩气储层的特征，如天然裂缝系统、甲烷解吸附、纳米孔扩散、非达西流动以及页岩储层中的应力相关的压实作用。基于页岩储层的这些复杂特征，数值模拟章节中描述了页岩气藏数值模拟的各个方面。在这些内容中，通过历史拟合技术利用现场数据验证数值模型。在产能评价章节中，介绍了评价页岩储层性质和生产动态特征的方法。引入小型压裂试验、递减曲线分析（DCA）和非稳态测试（RTA）来估算初始地层压力、渗透率、裂缝半长等。此外，还介绍了页岩气藏压力响应特征评价方法。最后，在技术发展趋势章节中，介绍了页岩储层中 CO_2 注入技术和复杂结构井技术。分析了页岩中 CO_2 注入的可行性，分析了页岩中提采及 CO_2 封存一体化的可行性，介绍了包括鱼骨井在内的复杂结构井等多项前沿研究。

参考文献

[1] Aguilera R (2014) Flow units: from conventional to tight-gas to shale-gas to tight-oil to shale-oil reservoirs. SPE Res Eval Eng 17 (2): 190-208. doi: 10.2118/165360-PA.

[2] Aguilera R et al (2008) Natural gas production from tight gas formations: a global perspective. Paper presented at the 19th world petroleum congress, Madrid, Spain, 29 June-3 July 2008.

[3] American Gas Foundation (2007) Research and development in natural gas transmission and distribution. Washington D. C.

[4] Becchetti L et al (2005) Corporate social responsibility and corporate performance: evidence from a panel of US listed companies. CEIS Tor Vergata, Research paper series 26 (78) .

[5] Bowker KA (2007) Barnett shale gas production, Fort Worth basin: issues and discussion. AAPG Bull 91: 523-533.

[6] BP (2011) BP statistical review of world energy June 2011, London.

[7] Burke D (2012) Exxon ' s big bet on shale gas. http: //fortune.com/2012/04/16/exxons-big-bet-onshale-gas. Accessed 16 Apr 2012.

[8] Caineng et al (2010) Geological characteristics and resource potential of shale gas in China. Petrol Explor Dev 37 (6): 641-653.

[9] Cipolla CL et al (2010) Reservoir modeling in shale-gas reservoirs. SPE Res Eval Eng 13 (4): 638-653. doi: 10.2118/125530-PA.

[10] Cleveland CJ (2005) Net energy from the extraction of oil and gas in the United States. Energy 30 (5): 769-782.

[11] Curtis JB (2002) Fractured shale-gas systems. AAPG Bull 86 (11): 1921-1938.

[12] David G et al (2004) Fractured shale gas potential in New York. Northeast Geol Env Sci 26: 57-78.

[13] EIA (1999) U. S. crude oil, natural gas, and natural gas liquids reserves 1998 annual report. Officeof oil and gas. U. S. Department of Energy, Washington, D. C.

[14] EIA (2010) Schematic geology of natural gas resources. http: //www.eia.gov/oil_gas/natural_gas/special/ngresources/ngresources.html. Accessed 27 Jan 2010.

[15] EIA (2011) World shale gas resources: an initial assessment of 14 regions outside the United States. Office of energy analysis. U. S. Department of Energy, Washington, D. C.

[16] EIA (2013a) Technically recoverable shale oil and shale gas resources: an assessment of 137 shale formations in 41 countries outside the United States. Independent statistics and analysis. U. S. Department of Energy, Washington, D. C.

[17] EIA (2013b) US energy related carbon dioxide emissions 2012. Independent statistics and analysis. U. S. Department of Energy, Washington, D. C.

[18] EIA (2014) Annual energy outlook 2014 with projections to 2040. Office of integrated and international energy analysis. U. S. Department of Energy, Washington, D. C.

[19] EIA (2015a) Annual energy outlook 2015 with projections to 2040. Office of integrated and international energy analysis. U. S. Department of Energy, Washington, D. C.

[20] EIA (2015b) U. S. natural gas marketed production. https: //www.eia.gov/dnav/ng/hist/n9050us2a.htm. Accessed 30 Nov 2015.

[21] Fjær E et al (2008) Petroleum related rock mechanics. Elsevier, Netherlands.

[22] Gardner GHF, Canning AHF (1994) Effects of irregular sampling on 3-D prestack migration. Paper

presented at the annual meeting of the society of exploration geophysicists and international exposition. Los Angeles, California 23-27 Oct 1994.

[23] Gidley JL (1989) Recent advances in hydraulic fracturing. Society of Petroleum Engineers, Texas, Richardson.

[24] Gluyas J, Swarbrick R (2009) Petroleum geoscience. Blackwell, Malden, Massachusetts Gold R (2014) The boom: how fracking ignited the American energy revolution and changed the world. Simon and Schuster, New York.

[25] Heinberg R, Fridley D (2010) The end of cheap coal. Nature 468: 367-369.

[26] Helm D (2012) The carbon crunch: how we' re getting climate change wrong-and how to fix it. Yale University Press, New Haven, Connecticut.

[27] Henriques I, Sadorsky P (2008) Oil prices and the stock prices of alternative energy companies. Energy Econ 30 (3): 998-1010.

[28] Hu D, Xu S (2013) Opportunity, challenges and policy choices for China on the development of shale gas. Energy Policy 60: 21-26.

[29] Islam MR (2014) Unconventional gas reservoirs evaluation, appraisal, and development. Gulf Professional Publishing, Houston, Texas.

[30] Jarvie DM et al (2007) Unconventional shale-gas systems: the Mississippian Barnett shale of north-central Texas as one model for thermogenic shale-gas assessment. AAPG Bull 91 (4): 475-499.

[31] Kutchin JW (2001) How Mitchell Energy & Development Corp. Got its start and how it grew: an oral history and narrative overview. Universal Publishers, Boca Raton, Florida .

[32] Kvenvolden KA (1993) Gas hydrates-geological perspective and global change. Rev Geophys 31 (2): 173-187.

[33] Loucks RG, Ruppel SC (2007) Mississippian Barnett shale: lithofacies and depositional setting of a deep-water shale-gas succession in the Fort Worth basin, Texas. AAPG Bull 91 (4): 579-601.

[34] Lu S et al (2012) Classification and evaluation criteria of shale oil and gas resources: discussion and application. Pet Explor Dev 39 (2): 268-276.

[35] Martineau DF (2007) History of the Newark East field and the Barnett shale as a gas reservoir. AAPG Bull 91 (4): 399-403.

[36] Mengal SA, Wattenbarger RA (2011) Accounting for adsorbed gas in shale gas reservoirs. Paper presented at the SPE Middle East oil and gas show and conference. Manama, Bahrain, 25-26 Sept 2011.

[37] Montgomery SL (2005) Mississippian Barnett shale, Fort Worth basin, north-central Texas: gas-shale play with multi-trillion cubic foot potential. AAPG Bull 89 (2): 155-175.

[38] Newell R (2011) Shale gas and the outlook for U. S. natural gas markets and global gas resources. EIA. http://www.eia.gov/pressroom/presentations/newell_06212011.pdf.

[39] NETL (2011) Shale gas: applying technology to solve America' s energy challenges. U. S. Department of Energy, Washington, D. C.

[40] Owen NA et al (2010) The status of conventional world oil reserves-hype or cause for concern? Energy Policy 38 (8): 4743-4749.

[41] Peebles MWH (1980) Evolution of the gas industry. New York University Press, New York.

[42] Pickett A (2010) Technologies, methods reflect industry quest to reduce drilling footprint. The American Oil and Gas Reporter, Consumer Energy Alliance, Houston, Texas .

[43] Polikar M (2011) Technology focus: unconventional resources. J Pet Tech 63 (7): 98. doi: 10.2118/

0711-0098-JPT.

[44] Propublica (2012) What is hydraulic fracturing? http://www.propublica.org/special/hydraulic-fracturing-national. Accessed 7 March 2012.

[45] Rezaee R (ed) (2015) Fundamental of gas shale reservoirs. Wiley, New Jersey.

[46] Ridley M (2011) The shale gas shock, report 2. The Global Warming Policy Foundation, London, UK.

[47] Rogers H (2011) Shale gas-the unfolding story. Oxf Rev Econ Policy 27 (1): 117-143.

[48] Soeder DJ (1988) Porosity and permeability of Eastern Devonian gas shale. SPE Form Eval 3 (1): 116-124.

[49] Song B et al (2011) Design of multiple transverse fracture horizontal wells in shale gas reservoirs. Paper presented at the SPE hydraulic fracturing technology conference. Woodlands, Texas, 24-26 Jan 2011.

[50] The Perryman Group (2007) Bounty from below: the impact of developing natural gas resources associated with the Barnett shale on business activity in Fort Worth and the surrounding 14-county area. Waco, Texas.

[51] Thompson JM et al (2011) Advancements in shale gas production forecasting-a Marcellus case study. Paper presented at the SPE Americas unconventional gas conference and exhibition, Woodlands, Texas, 14-16 June 2011.

[52] Tian L et al (2014) Stimulating shale gas development in China: a comparison with the U.S. experience. Energy Policy 75: 109-116.

[53] Wang Q (2011) Time for commercializing non-food biofuel in China. Renew Sust Energ Rev 15 (1): 621-629.

[54] Wang Q, Chen X (2012) China's electricity market-oriented reform: from an absolute to a relative monopoly. Energy Policy 51: 143-148.

[55] Wang Q et al (2014) Natural gas from shale formation—the evolution, evidences and challenges of shale gas revolution in United States. Renew Sust Energ Rev 30: 1-28.

第2章　页岩储层特征

2.1　引言

页岩气藏有着与常规油气藏不同的动态行为特征。在本章中，介绍了天然裂缝系统、气体吸附/解吸、纳米孔隙中的气体扩散、非达西流动和应力依赖压实等特征。通常，页岩气藏中大量发育天然裂缝，其在水力裂缝扩展和天然气生产环节起到了重要作用。双重孔隙介质模型被用于模拟天然裂缝系统发育的页岩储层压力响应特征。在页岩储层中，烃类气体以两种方式赋存，即孔隙介质中的游离气体和有机质表面的吸附气体。早期研究表明，天然气解吸占页岩储层总产气量的5%~30%。为了模拟页岩气藏的动态生产过程，准确的气体吸附模型非常重要。根据国际理论与应用化学联合会（IUPAC）标准分类系统，有6种不同类型的解吸附模型。其中，Langmuir 等温线和 BET 等温模型适用于页岩储层，本书将对其进行详细介绍。由于纳米孔隙的存在，页岩储层中的流体流动不能用达西方程进行表征。这种现象可以通过滑脱的概念来解释，常用的表征纳米孔中的气体流动的方法是通过考虑滑脱边界来修改无滑脱边界的连续介质模型。相关研究提出对页岩储层内气体扩散进行精细模拟。由于气体流速较高，达西方程也不能应用于水力裂缝内的气体流动。当气体速度增加时，可能发生显著的惯性（非达西）效应。这引起水力裂缝中的额外压降以保持稳定产量。为了模拟这种机制，使用可以代替达西方程的 Forchheimer 方程。页岩储层内缝网的导流能力对应力相关的压实效应很敏感。应考虑由于应力和应变的变化引起的孔隙率和渗透率的变化。页岩压实的影响可以通过几种应力依赖关系式耦合地质力学模型来进行表征。

2.2　天然裂缝系统

天然裂缝储层被称为双重孔隙介质系统，因为存在明显不同特性的两种类型的多孔介质（Barenblatt 等，1960）。其中区域一为与井连接的连续介质系统，而区域二将流体局部地供给区域一。这些区域分别为基质和裂缝，其在页岩气储层中具有不同的流体存储和导流特性。

Warren 和 Root（1963）将双重孔隙系统理想化为正交的裂缝系统和立方块基质系统（图 2.1），使用拟稳态模型（PSSS）描述基质向裂缝系统的供液。图 2.2 展示了在半对数坐标下的 Warren 和 Root（1963）双重孔隙介质模型的早期压力响应特征（Stewart，2011）。压力响应特征曲线分为三个阶段：初始阶段为一条直线；过渡阶段为斜率为零的直线；最终阶段为与初始阶段直线平行的直线。初始阶段的直线通常持续非常短的时间且仅代表裂缝系统内的动态响应特征。其解析方程为：

$$p_{wD} = \frac{1}{2}\ln t_D - \ln\omega + \ln\frac{4}{\gamma} \tag{2.1}$$

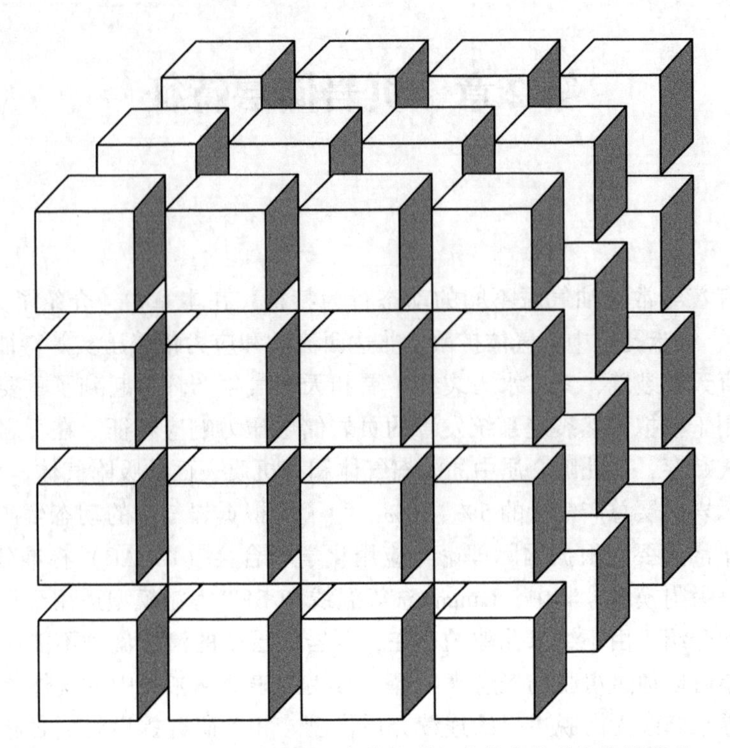

图 2.1　由一组正交裂缝和立方块基质组成的自然裂缝储层模型

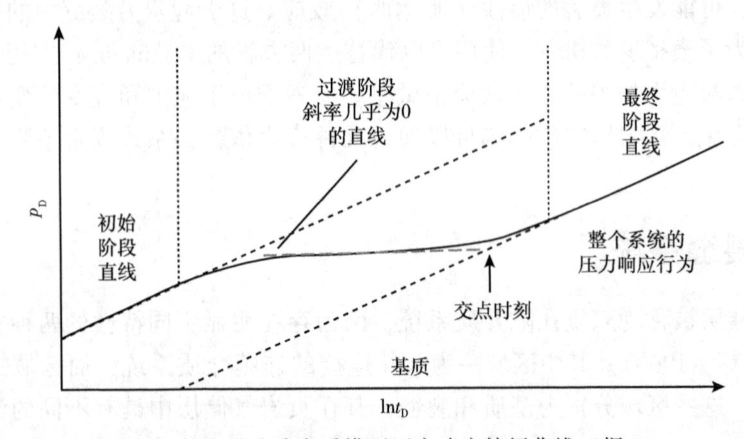

图 2.2　半对数图上的双重孔隙介质模型压力响应特征曲线（据 Stewart，2011）

$$p_{wf} = p_i - \frac{q_{sc}B\mu}{4\pi K_{fb}h}\left(\ln t - \ln \frac{4K_{fb}}{\phi_{fb}c_f\mu r_w^2\gamma}\right) \tag{2.2}$$

式中：p_{wD}是无量纲井底流压；t_D 是无量纲时间；ω 是无量纲存储率；γ 是指数式欧拉常数，为 1.781 或 $e^{0.5772}$；p_{wf}为井底流压；p_i 为初始储层压力；q_{sc} 为标况下的产量；B 为地层体积系数；μ 为黏度；K_{fb}为裂缝渗透率；h 为有效厚度；t 为时间；ϕ_{fb}为裂缝孔隙度；c_f 为地层压缩系数；r_w 为井的半径。最终阶段的直线代表整个系统的压力响应行为，这个阶段的方程为：

$$p_{wD} = \frac{1}{2}\left(\ln t_D + \ln\frac{4}{\gamma}\right) \tag{2.3}$$

$$p_{wf} = p_i - \frac{q_{sc}B\mu}{4\pi K_{fb}h}\left[\ln t + \ln\frac{4K_{fb}}{(\phi c_t)_{m+f}\mu r_w^2\gamma}\right] \tag{2.4}$$

式中：c_t 是总压缩系数。下标 m 和 f 分别表示为基质和天然裂缝。初始阶段与最终阶段的间隔是 $\ln\omega$，随着 ω 变小，$\ln\omega$ 的绝对值变大。图 2.3 展示了裂缝和基质压力响应，它们可以很好地表征双重孔隙介质动态行为的机理（Stewart，2011）。早期，裂缝和基质初始压力是相同的，来自基质的供液可以忽略不计。当压降漏斗井底向外传播时，由于传导率的差异，裂缝内压力迅速下降，基质内压力缓慢下降。半对数图的平坦化是由于这一时期基质向裂缝供液的增加。取决于裂缝内压力下降速率的减缓和基质压力响应的追赶，最终基质及裂缝内压力几乎一样。当系统压力达到这种动态平衡时，即达到总系统动态响应阶段。

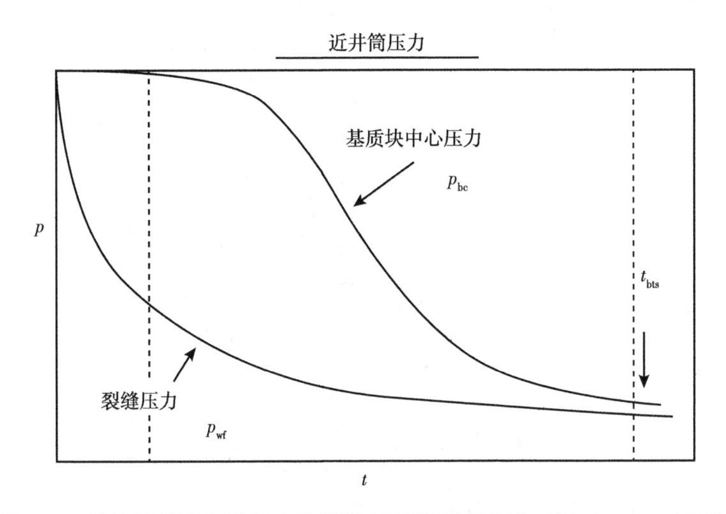

图 2.3　天然裂缝发育系统中的裂缝和基质压力响应（据 Stewart，2011）

2.3　吸附

由于有机质表面积大及对甲烷的吸附性，页岩中的有机质具有很强的吸附潜力（Yu 等，2014）。为了模拟页岩气藏的动态开发特征，建立准确的气体吸附模型非常重要。根据国际理论与应用化学联合会（IUPAC）的标准分类系统（Sing 等，1985），有 6 种不同类型的等温吸附模型，如图 2.4 所示。等温吸附模型的曲线形态与被吸附物和固体吸附剂的性质以及孔隙空间几何形状密切相关（Silin 和 Kneafsey，2012）。Sing 等（1985）详细描述了 6 种等温吸附模型的分类。

最常用的页岩气储层吸附模型是经典 Langmuir 等温曲线（Ⅰ型）（Langmuir，1918），它基于在吸附和未吸附气体之间在恒定温度和压力下存在动态平衡的假设。此外，假设只有一层分子吸附在固体表面，如图 2.5（a）所示。Langmuir 等温曲线有两个拟合参数，如下所示：

$$V = \frac{V_L p}{p + p_L} \tag{2.5}$$

式中：V 为相应压力 p 下吸附气体体积；V_L 为无限压力下 Langmuir 体积或最大吸附气体体积；p_L 为 Langmuir 压力，即对应 Langmuir 体积一半时的压力。Langmuir 等温吸附模型基于吸附表面和孔隙空间内储集的瞬时平衡而建立（Freeman 等，2012）。Gao 等（1994）证明了瞬时平衡是一个合理的假设，因为页岩中的超低渗透率导致通过页岩干酪根的气体流速非常低。

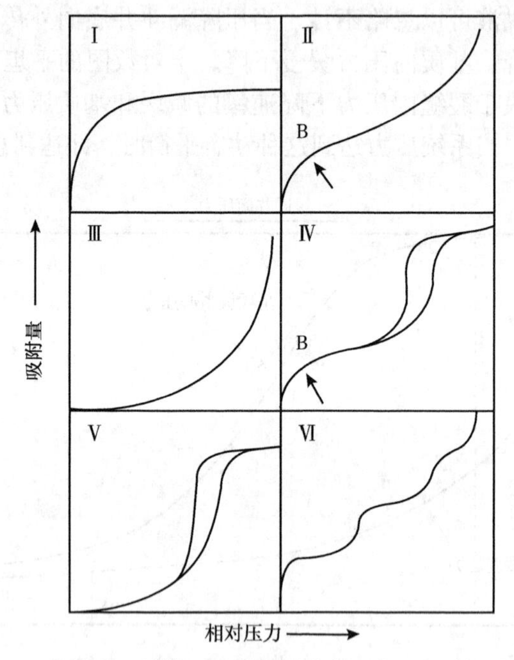

图 2.4　不同类型的等温吸附模型曲线（据 Sing 等，1985）

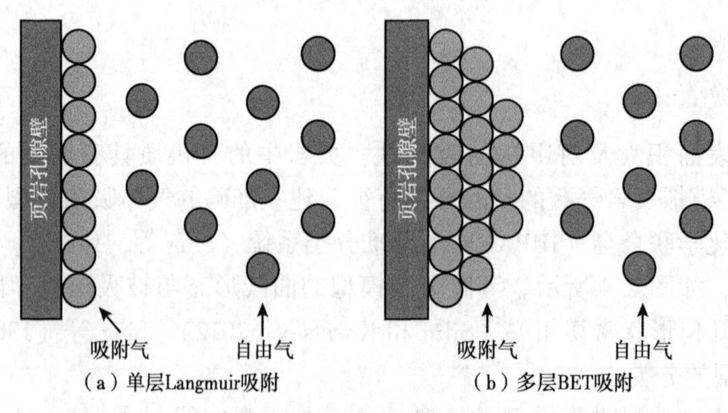

图 2.5　单层和多层气体吸附的示意图（据 Yu 等，2014）

在高压储层内，吸附在有机碳表面上的天然气可以形成多分子层。换句话说，Langmuir 等温吸附模型在该情况下描述吸附在富含有机质页岩上的气体量时可能不适用。相反，应该考虑天然气在有机质表面的多层吸附，Ⅱ型的气体等温吸附模型应该是更好的选择。Ⅱ型等温吸附通常发生在无孔或大孔材料中（Kuila 和 Prasad，2013）。Brunauer 等（1938）提出了 BET 等温吸附模型，它是 Langmuir 模型对多个吸附层的推广，如图 2.5（b）所示。其表达式为：

$$V_{\mathrm{L}}=\frac{V_{\mathrm{m}}Cp}{(p_{\mathrm{o}}-p)\left[1+\frac{(C-1)p}{p_{\mathrm{o}}}\right]} \tag{2.6}$$

式中：V_{m} 为整个吸附剂表面被单分子层完全覆盖时的最大吸附气体体积；C 为与吸附净热相关的常数；p_{o} 为气体的饱和压力。C 定义为：

$$C=\exp\left(\frac{E_1-E_L}{RT}\right) \tag{2.7}$$

式中：E_1 为第一层的吸附热；E_{L} 为第二层和更高层的吸附热，等于液化热；R 为气体常数；T 为温度。BET 理论中的假设包括均匀的表面，分子之间没有横向相互作用，并且最外层的吸附气与自由态气体处于平衡状态。BET 吸附等温方程的简易形式为：

$$\frac{p}{C(p_{\mathrm{o}}-p)}=\frac{1}{V_{\mathrm{m}}C}+\frac{C-1}{V_{\mathrm{m}}C}\frac{p}{p_{\mathrm{o}}} \tag{2.8}$$

$\frac{p}{V(p_{\mathrm{o}}-p)}$对$\frac{p}{p_{\mathrm{o}}}$的曲线为一条直线，其截距为$\frac{1}{V_{\mathrm{m}}C}$，斜率为$\frac{C-1}{V_{\mathrm{m}}C}$。基于 V_{m}，比表面积可使用以下表达式进行计算：

$$S=\frac{V_{\mathrm{m}}Na}{22400} \tag{2.9}$$

式中：S 为比表面积，m^2/g；N 为阿伏伽德罗常数（1mol 的分子数，6.023×10^{23}）；a 为一个气体分子的有效截面积，m^2；22400 为标况下 1mol 的吸附气体体积。

标准 BET 等温吸附模型假定吸附层的数量是无限的。但是，在 n 个有限数量的吸附层的情况下，下面给出了 BET 等温线的通用形式：

$$V(p)=\frac{V_{\mathrm{m}}C\frac{p}{p_{\mathrm{o}}}}{1-\frac{p}{p_{\mathrm{o}}}}\left[\frac{1-(n+1)\left(\frac{p}{p_{\mathrm{o}}}\right)^{n}+n\left(\frac{p}{p_{\mathrm{o}}}\right)^{n+1}}{1+(C-1)\frac{p}{p_{\mathrm{o}}}-C\left(\frac{p}{p_{\mathrm{o}}}\right)^{n+1}}\right] \tag{2.10}$$

其中 n 是吸附层的最大数量。当 $n=1$ 时，式（2.10）为 Langmuir 等温吸附模型，式（2.5）；当$n\to\infty$ 时，式（2.10）等价于式（2.6）。

图 2.6 比较了 Langmuir 等温曲线和 BET 等温曲线的形态。相较于 Langmuir 等温曲线，BET 等温吸附模型描述了更多气体在生产初期进行解吸释放。这是因为高压下 BET 等温曲线的斜率大于 Langmuir 等温曲线的斜率，导致在早期生产时释放更多的气体。另外，在从初始储层压力到井底压力的相同压降下，BET 等温曲线的吸附气体释放量大于 Langmuir 等温曲线的吸附气体释放量。

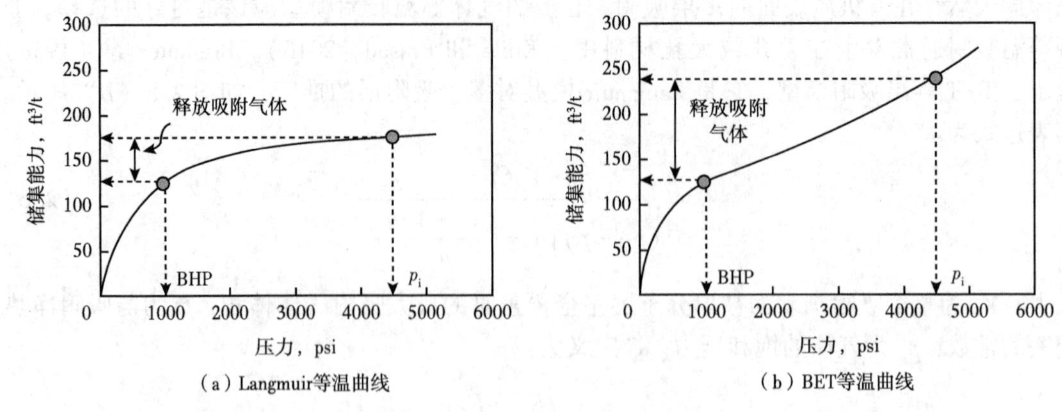

（a）Langmuir等温曲线　（b）BET等温曲线

图 2.6　Langmuir 等温曲线与 BET 等温曲线对比（据 Yu 等，2014）

2.4　扩散

以线性关联多孔介质中的流体流速和压力梯度的达西方程已经使用了 150 多年。线性达西方程使其能便利地应用于油藏工程分析和油藏数值模拟。然而，由于在页岩中存在尺寸范围从 1nm 到数百纳米的纳米孔，因此无法使用标准流动或传质模型预测页岩储层中的流体流动。当应用于含纳米孔的页岩储层时，常规连续介质流动方程式——达西定律极大地低估了实际流速。

在阐述这种现象的过程中，Brown 等（1946）提出了滑脱的概念，它为气体实测流速和平均压力之间的关系提供了解释。如前所述，页岩气储层中的孔隙在 1~100nm 的范围内，使得气体分子的尺寸（约为 0.5nm）与孔隙尺寸相当。在一定的压力下和温度条件，气体分子之间的距离（平均自由程）超过了孔隙尺寸的大小。在这种情况下，气体分子可能单独地在孔隙中移动，连续体和体相流动的概念可能不适用。克努森数 Kn 是平均自由程 λ 与孔径 d 之比，可用于识别多孔介质中的不同流动状态：

$$Kn = \frac{\lambda}{d} \tag{2.11}$$

其中

$$\lambda = \frac{k_B T}{\sqrt{2}\pi\delta^2 p} \tag{2.12}$$

式中：k_B 为玻尔兹曼常数；δ 为气体分子的碰撞直径。表 2.1 给出了对应于克努森数范围的流动状态（Rathakrishnan，2004；Rezaee，2015）。当 $Kn<10^{-3}$，连续无滑脱或达西方程有效。当 $Kn<10^{-1}$，基于滑脱校正的连续流（Klinkenberg）有效，它涵盖了大多数常规气藏和许多致密气藏条件。然而，由于页岩中纳米孔的存在，分子平均自由程与特征几何尺度相当，Kn 可能大于 0.1。在这种情况下，除了校正滑脱边界条件外，克努森扩散成为主导机制，因此需要新形式的气体流动方程。本节将介绍各种用于滑脱和克努森扩散的气体流动模型。

Klinkenberg（1941）通过实验证明，达西渗透率与系统中平均压力的倒数之间存在线性关系，即气体流量减少和平均压力增加之间存在线性关系。

表 2.1 基于克努森数的不同流态分类（据 Rezaee，2015）

克努森数（Kn）	流动状态
$0\sim10^{-3}$	连续流/达西流（无滑脱）
$10^{-3}\sim10^{-1}$	滑脱
$10^{-1}\sim10^{1}$	过渡流态
$10^{1}\sim\infty$	自由分子流态

$$K(p_{avg}) = K_D\left(1 + \frac{b}{p_{avg}}\right) \tag{2.13}$$

式中：$K(p_{avg})$ 为平均压力(p_{avg})下的气体渗透率；K_D 为达西渗透率或液体渗透率；b 为 Klinkenberg 常数。经验参数 b 和 K_D 为 $K(p_{avg})$ 与$\frac{1}{p_{avg}}$数据的拟合线的斜率和截距。Klinkenberg 效应已用于模拟常规气藏中的气体流动（孔隙大小在 10~100μm 范围内），最近被应用于致密气藏（孔隙尺寸为 1~10μm）。

微孔道或纳米孔道中的气体流动可以通过使用分子动力学模型来描述，其考虑气体的分子性质（Gad-el-Hak，1999）或 Lattice-Boltzmann 方法（Shabro 等，2012）。尽管这些分子模型对于克努森数的任何范围都是有效的，但是对计算时间和计算能力的要求较高，限制了这些方法的应用。气体在微纳米孔隙内流动的常用模拟方法是通过考虑滑脱边界条件来校正无滑脱边界的连续模型。这种方法已多次被用于页岩气运输机制模型的建立（Javadpour，2009；Civan，2010；Azom 和 Javadpour，2012；Darabi 等，2012）。

Javadpour（2009）提出了一种模型，其中包括克努森扩散和滑脱，它们是气体在单根圆柱形纳米直管中流动的主要机制。Javadpour 还指出这两种传质机理存在于任何克努森数所涵盖的流动状态中，只是流动状态不同它们对总通量的个体贡献各不相同。Javadpour（2009）基于麦克斯韦理论，通过考虑克努森扩散和滑脱效应，提出了纳米孔管道中气体流动的模型。

$$J = \left[\frac{2rM}{3\times10^3 RT}\left(\frac{8RT}{\pi M}\right)^{0.5} + F\frac{r^2\rho_{avg}}{8\mu}\right]\frac{p_2 - p_1}{L} \tag{2.14}$$

式中：J 为质量通量或摩尔通量；r 为孔隙半径；M 为摩尔质量；F 为滑移系数；ρ_{avg}为平均密度；L 为介质长度；p_1 和 p_2 分别为上游和下游压力。式（2.14）中方程式右侧括号中的第一项和第二项分别为克努森扩散和滑脱。F 是滑移系数，定义为：

$$F = 1 + \left(\frac{8\pi RT}{M}\right)^{0.5}\frac{\mu}{rp_{avg}}\left(\frac{2}{\alpha} - 1\right) \tag{2.15}$$

其中 α 是切向动量调节系数或相对于镜面反射从孔壁散射的气体分子比例。根据壁面光滑度、气体类型、温度和压力，α 的值理论上在 0（代表反射调节）到 1（代表散射调节）的范围内变化（Agrawal 和 Prabhu，2008；Arkilic 等，2001）。需要通过实验测量来确定特定页岩系统的 α 值。

Javadpour（2009）的研究表明，该模型与 Roy 等（2003）基于孔径为 200nm 薄膜测试的数据相匹配，平均误差为 4.5%。通过对比单根纳米管（Hagen-Poiseuille 方程）的达西流动方程，直圆柱形纳米管的表观渗透率 K_{app} 可定义为：

$$K_{app}=\frac{2r\mu}{3\times10^{3}p_{avg}}\left(\frac{8RT}{\pi M}\right)^{0.5}+\frac{r^{2}}{8}\left[1+\left(\frac{8\pi RT}{M}\right)^{0.5}\left(\frac{2}{\alpha}-1\right)\frac{\mu}{rp_{avg}}\right] \tag{2.16}$$

其中 K_{app} 表观渗透率。式（2.16）提供了以 Klinkenberg 形式写成的表观达西渗透率关系。

$$K_{app}=K_{D}\left(1+\frac{b}{p_{avg}}\right) \tag{2.17}$$

$$b=\frac{16\mu}{3\times10^{3}r}\left(\frac{8RT}{\pi M}\right)^{0.5}+\left(\frac{8\pi RT}{M}\right)^{0.5}\left(\frac{2}{\alpha}-1\right)\frac{\mu}{r} \tag{2.18}$$

Azom 和 Javadpour（2012）展示了如何校正式（2.16）反映的真实气体在多孔介质中的流动。最终的等式仍然具有式（2.17）的形式，但 b 为如下形式：

$$b=\frac{16\mu c_{g}p_{avg}}{3\times10^{3}r}\left(\frac{8ZRT}{\pi M}\right)^{0.5}+\left(\frac{8\pi RT}{M}\right)^{0.5}\left(\frac{2}{\alpha}-1\right)\frac{\mu}{r} \tag{2.19}$$

式中：c_g 为气体压缩系数；Z 为压缩因子。注意，当真实气体变得理想时，式（2.19）变为式（2.18），因为对于理想气体，气体压缩系数 $c_g=\frac{1}{p_{avg}}$ 和压缩因子 $Z=1$。

Darabi 等（2012）对 Javadpour（2009）的研究结果进行了修正，使其开发适用于单个、直的圆柱形纳米管模型适用于相互连接的曲折微孔和纳米孔的致密天然多孔介质。除滑脱之外，该模型还基于麦克斯韦理论考虑了克努森扩散和表面粗糙度等因素。

$$K_{app}=\frac{\mu M\phi}{RT\,\tau\rho_{avg}}(\delta_{r})^{D_{f}-2}D_{k}+K_{D}\left(1+\frac{b}{p_{avg}}\right) \tag{2.20}$$

式中：τ 为曲率；δ_r 为标准化分子半径（r_m）与相对于局部的平均孔隙半径 r_{avg} 的比率，$\delta_r=\frac{r_m}{r_{avg}}$。在上面的等式中，克努森扩散系数 D_k 定义为：

$$D_{k}=\frac{2r_{avg}}{3}\left(\frac{8RT}{\pi M}\right)^{0.5} \tag{2.21}$$

其中 r_{avg} 近似为 $r_{avg}=(8K_D)^{0.5}$。平均孔隙半径也可以通过实验室研究来确定，如压汞和氮吸附测试以及使用 SEM 和 AFM 的孔隙成像。

Darabi 等（2012）还考虑了孔隙表面的分形维数 D_f 以表征孔隙表面粗糙度对克努森扩散系数的影响（Coppens，1999；Coppens 和 Dammers，2006）。表面粗糙度具有局部非均质特性。增加表面粗糙度导致分子在多孔介质中的停留时间增加和克努森扩散率降低。D_f 定量表征表面粗糙度，其取值为 2~3，分别代表光滑表面和空间填充表面（Coppens 和 Dammers，2006）。

Civan（2010）渗透率模型基于 Beskok 和 Karniadakis（1999）方法，即基于简化的二阶滑脱表征方法，假设表观渗透率是固有渗透率、克努森数 Kn、稀疏系数 α_r 和滑脱因子 b 的

函数，即

$$K = K_D(1 + \alpha_r Kn)\left(1 + \frac{4Kn}{1 - bKn}\right) \tag{2.22}$$

无量纲稀疏系数 α_r 由式（2.23）给出：

$$\alpha_r = \alpha_0\left(\frac{Kn^B}{A + Kn^B}\right) \tag{2.23}$$

其中 A 和 B 是经验拟合常数。α_r（$\alpha_r=0$）的下限对应于滑脱流动状态，并且上限 α_0 对应于 $Kn\to\infty$ 时的 α_r 的渐近极限，其对应于自由分子流动。A 和 B 用作拟合参数，基于页岩多孔介质中的主要流动状态对其适当地进行调整。Civan（2010）报告了调整后的相关参数值，$A=0.178$，$B=0.4348$ 和 $\alpha_0=0.1358$，用于模拟致密砂中的气体流动。基于 Beskok 和 Karniadakis（1999）的研究，Civan（2010）假设 $b=-1$，随后将克努森数改写为（Jones 和 Owens，1980）：

$$Kn = 12.639K_D^{-1/3} \tag{2.24}$$

基于这些假设，Civan（2010）模型中剩余的唯一未知参数是 K_D，其可以通过渗透率测量实验（如脉冲衰减实验）得到。

对于较小的克努森数，即 $Kn\ll1$，Civan（2010）基于 Florence 等（2007）的研究建立了动态滑移系数 b_k，其为气体黏度的函数：

$$b_k = \frac{2790\mu}{\sqrt{M}}\left(\frac{K_D}{\phi}\right)^{0.5} \tag{2.25}$$

以上讨论模型最主要的限制是模型中经验参数的估算，这需要进行实验或计算成本较高的分子动力学模拟（Agrawal 和 Prabhu，2008）。Singh 等（2014）提出了一种新的非经验性渗透率解析模型，称为非经验表观渗透率（NAP）。NAP 可用于表征在由多曲率微孔/纳米孔组成的超致密多孔介质中的气体流动，且对于克努森数小于 1 的情况有效，能应用于页岩气藏开发的全周期过程。

Singh 等（2014）基于页岩气系统的基本流动方程导出表观渗透率。总质量流量为对流及空间分子扩散的叠加（Veltzke 和 Thüming，2012），结合达西定律可以将其转换为狭缝或圆管的表观渗透率表达式：

$$(K_{app})_{slit} = \frac{\phi\mu h}{3\tau}\left(\frac{h_{slit}Z}{4\mu}\frac{8}{\pi p_{avg}M}\sqrt{\frac{2MRT}{\pi}}\right) \tag{2.26}$$

$$(K_{app})_{slit} = \frac{2\phi\mu d}{\pi\tau}\left(\frac{\pi d_{tube}Z}{64\mu}\frac{1}{3p_{avg}M}\sqrt{2\pi MRT}\right) \tag{2.27}$$

式中：h_{slit} 为矩形狭缝的高度；d_{tube} 为管径。在 NAP 模型中考虑的两个孔隙几何形状是圆柱形管和矩形通道（狭缝）。当多孔介质由其他形状组成时，介质的渗透性将介于由管构成的情况和由狭缝组成的情况之间。由于表征每个孔的确切形状可能是不切实际的，在 NAP 模型考虑的两种形状可以可靠地表征多孔介质中不同孔隙形状的平均效果。每种形状类型的渗透率对储层的有效渗透率有一定的贡献，总的有效渗透率是每种形状类型的个体有效渗透率的统计总和（Fenton，1960），有：

$$\ln(K_{\text{app}})_{\text{eff}} = \frac{x}{100}\ln(K_{\text{app}})_{\text{slit}} + \frac{100-x}{100}\ln(K_{\text{app}})_{\text{tube}} \tag{2.28}$$

$$(K_{\text{app}})_{\text{eff}} = \left(K_{\text{app}}^{\frac{x}{100}}\right)_{\text{slit}}\left(K_{\text{app}}^{\frac{100-x}{100}}\right)_{\text{tube}} \tag{2.29}$$

其中，K_{eff}为包括吸附作用后的有效渗透率。这项工作的新颖之处在于建立的流动模型内无经验参数。虽然文献提供了一些简单气体和固体材料的相关经验值，基于这些经验值得到页岩储层表观渗透率所需的经验值也并不简单。因此，不需要经验值的方法是受关注的。

图2.7对比了基于APF模型（Darabi等，2012）、NAP模型（Singh等，2014）、Klinkenberg模型（Klinkenberg，1941）、Civan模型（Civan，2010）、达西型流动模型和克努森扩散模型等的累计天然气产量（Javadpour，2009）。基于NAP模型的产量预测位于APF模型和Klinkenberg模型之间，而Civan模型和Klinkenberg模型的预测彼此接近，并且每个预测都高于达西型流动模型的预测。在给定的典型页岩气藏条件下，达西流动、滑脱和克努森扩散的贡献决定了总产气量。APF模型包括了这三个过程，而NAP模型忽略了滑脱。图2.7中APF模型（Darabi等，2012）与NAP模型之间的对比表明，Klinkenberg效应在克努森数较高时（适用于页岩气）不显著，这种情况下可替代地使用被修正用于表征克努森扩散的达西型流动组合模型。

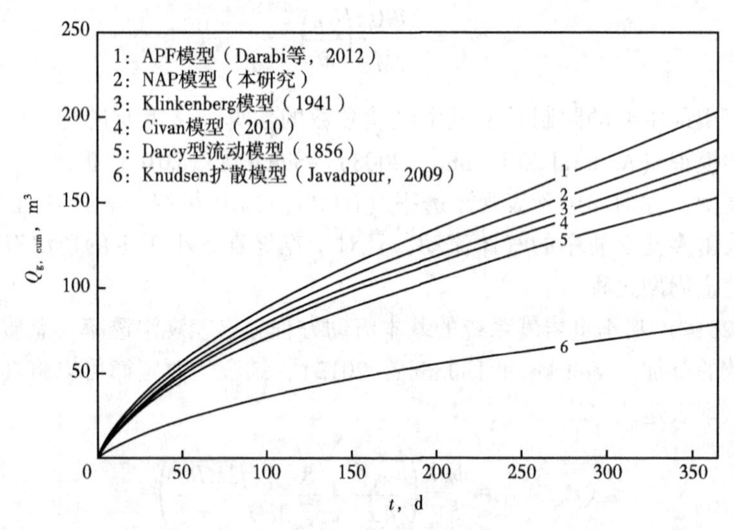

图2.7　基于不同气体传质模型预测累计气体产量（据Singh等，2014）

如本章前面所述，页岩中的天然气存储有三种主要形式：在孔隙网络中作为压缩气体储存，吸附在有机物质表面上，也可能吸附在黏土矿物上，并溶解在液态碳氢化合物、盐水（孔隙间和黏土束缚）和干酪根中（Javadpour等，2007）。许多研究已经深入探索了前两种存储方式（Chareonsuppanimit等，2012；Civan等，2012；Darabi等，2012；Javadpour，2009；Zhang等，2012），但是，只有有限的研究就有机质中溶解的气体对页岩储层总产气量的贡献进行了探索（Etminan 等，2014；Moghanloo 等，2013）。

图 2.8 展示了部分孔隙系统中包括干酪根中的气体分子分布。压缩气体存在于微米级和纳米级孔隙中。一些气体分子被吸附在干酪根的表面，并且一些气体分子溶解于干酪根中并以单相的形式成为干酪根的一部分。溶解态气体的传质机理是分子扩散。根据有机物的地球化学属性（热成熟度、有机源等），可以估测不同的气体溶解度。溶解气体对地下天然气储量的贡献和页岩储层的最终采收率可能是显著的。因此，评估气体扩散进入干酪根变得很重要。除每个过程的总贡献之外，生产过程中每个过程的开始时间也是至关重要的。一旦开始生产，孔隙间隙中的压缩气体首先膨胀。然后，干酪根中孔隙表面的吸附气体解吸到孔隙网络中。在此阶段，孔隙内表面上的气体分子浓度降低，从而在干酪根中产生浓度梯度，引发气体扩散（Etminan 等，2014；Javadpour 等，2007）。

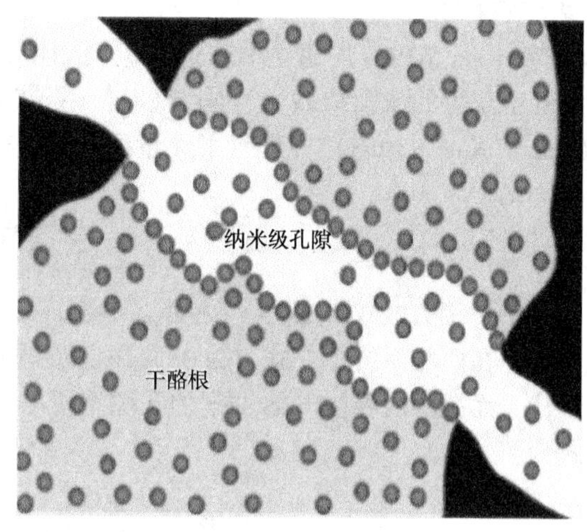

图 2.8　包括干酪根在内的一小部分孔隙系统中气体分布示意图（据 Javadpour，2009）

2.5　非达西流动

1856 年，达西通过当地医院的流水及填砂模型装置建立了著名的流量相关式。达西定律，如式 2.30 所示，描述了涉及常数 k、势梯度$\frac{dp}{dx}$、流体黏度 μ 和表观速度 v 的线性相关性：

$$-\frac{dp}{dx}=\frac{\mu v}{k} \tag{2.30}$$

其中 v 为表观速度。45 年后，Forchheimer（1901）观察到在流速增加的情况下，实验数据偏离线性达西方程。当气体速度增加时，例如在水力裂缝内可能发生显著的惯性（非达西）效应。为保持生产速度，这将导致水力压裂中存在额外压降。Forchheimer 提出了除 k 之外的第二个比例常数，用以表征这种非线性。他将这第二个比例常数称为 β，熟知的 Forchheimer 方程为：

$$-\frac{dp}{dx}=\frac{\mu v}{k}+\beta\rho v^2 \tag{2.31}$$

其中 β 为非达西流量因子。文献中最早提到的非达西流动效应是 20 世纪 60 年代初期（Carter，1962；Swift 和 Kiel，1962；Tek 等，1962）。在水力压裂作业中的非达西流动效应首先由 Cooke（1973）提出并探索，有：

$$\beta=bk^{-a} \tag{2.32}$$

其中 a 和 b 为常数，由实验测定，且与支撑剂类型相关。式（2.32）很简单，适用于不同类型的支撑剂。

Geertsma（1974）建立了非达西流动因子，渗透率和孔隙度之间的无量纲相关式。分析实验中获得的未固结砂岩、固结砂岩、石灰岩和白云岩的数据（Green 和 Duwez，1951；Cornell 和 Katz，1953）并进行了无量纲分析，得出了经验相关式：

$$\beta = \frac{0.005}{\phi^{5.5} k^{0.5}} \tag{2.33}$$

除单相相关式式（2.33）之外，Geertsma（1974）还提出了两相系统中 β 的相关式。他认为，在两相系统中，式（2.33）中的渗透率将被一定含水饱和度下的气体有效渗透率所取代，而孔隙度将被气体占据的孔隙率所取代。因此，在不可动流体的两相系统中，β 相关式为：

$$\beta = \frac{0.005}{\phi^{5.5} k^{0.5}} \left[\frac{1}{(1 - S_{wr})^{5.5} K_r^{0.5}} \right] \tag{2.34}$$

其中：S_{wr} 为残余水饱和度，K_r 为相对渗透率。式（2.34）表明液相的存在增加了非达西因子。

Evans 和 Civan（1994）使用来自固结和未固结介质的大量数据（包括多相流动和上覆应力的影响），给出了非达西流量因子的一般相关性。他们共收集了 183 个数据点，并采用了 Geertsma（1974）在固结介质中的数据，以及来自 Evans（1988）的数据，考虑液体饱和度和闭合应力对被支撑裂缝的 β 因子的影响。回归线给出如下广义相关式：

$$\beta = \frac{1.485 \times 10^{9}}{\phi k^{1.021}} \tag{2.35}$$

相关系数 $R=0.974$。由于这种相关式是在不同条件下从多种多孔介质中获得的，因此可用于合理估算 β 因子。式（2.35）在数值模型中使用并用于表征水力裂缝中的非达西流动。除了这种相关式，文献中关于非达西因子还有几个理论和经验的相关式，Evans 和 Civan（1994）以及 Dacun 和 Thomas（2001）审阅过这些相关式。

2.6 应力依赖压实作用

在页岩地层中，裂缝网络的导流能力对生产过程中的应力和应变变化敏感，因为与水力裂缝相比，天然裂缝是弱支撑的。图 2.9 显示了有效围压与渗透率和孔隙度的实验结果（Dong 等，2010）。因此，生产过程中必须包括地质力学效应，从而模拟页岩气藏的应力依赖性。

以往的研究表明了地质力学模型与油藏模型之间的迭代耦合易于收敛，并且易于油藏和地质力学模拟器的维护（Tran 等，2005，2010）。然而，研究表明线弹性模型不能单独用于表征页岩气储层应力敏感性（Li 和 Ghassemi，2012；Hosseini，2013）。为了考虑导流能力的变化，在几项研究中提出了压力依赖性（Pedrosa，1986；Raghavan 和 Chin，2004；Cho 等，2013）。因此，需通过线弹性模型耦合应力相关孔隙度和渗透率变化关系表征页岩储层的应力敏感性。考虑到页岩气藏模型中因孔隙度和渗透率降低导致的产量减少，需使用线性弹性本构模型耦合应力相关孔隙度和渗透率相关性。Dong 等（2010）使用指数和幂律拟合实验数据得到如下相关式：

$$\phi = \phi_i e^{-a(\sigma' - \sigma'_i)} \tag{2.36}$$

$$k = k_i e^{-b(\sigma' - \sigma'_i)} \tag{2.37}$$

$$\phi = \phi_i \left(\frac{\sigma'}{\sigma'_i}\right)^{-c} \tag{2.38}$$

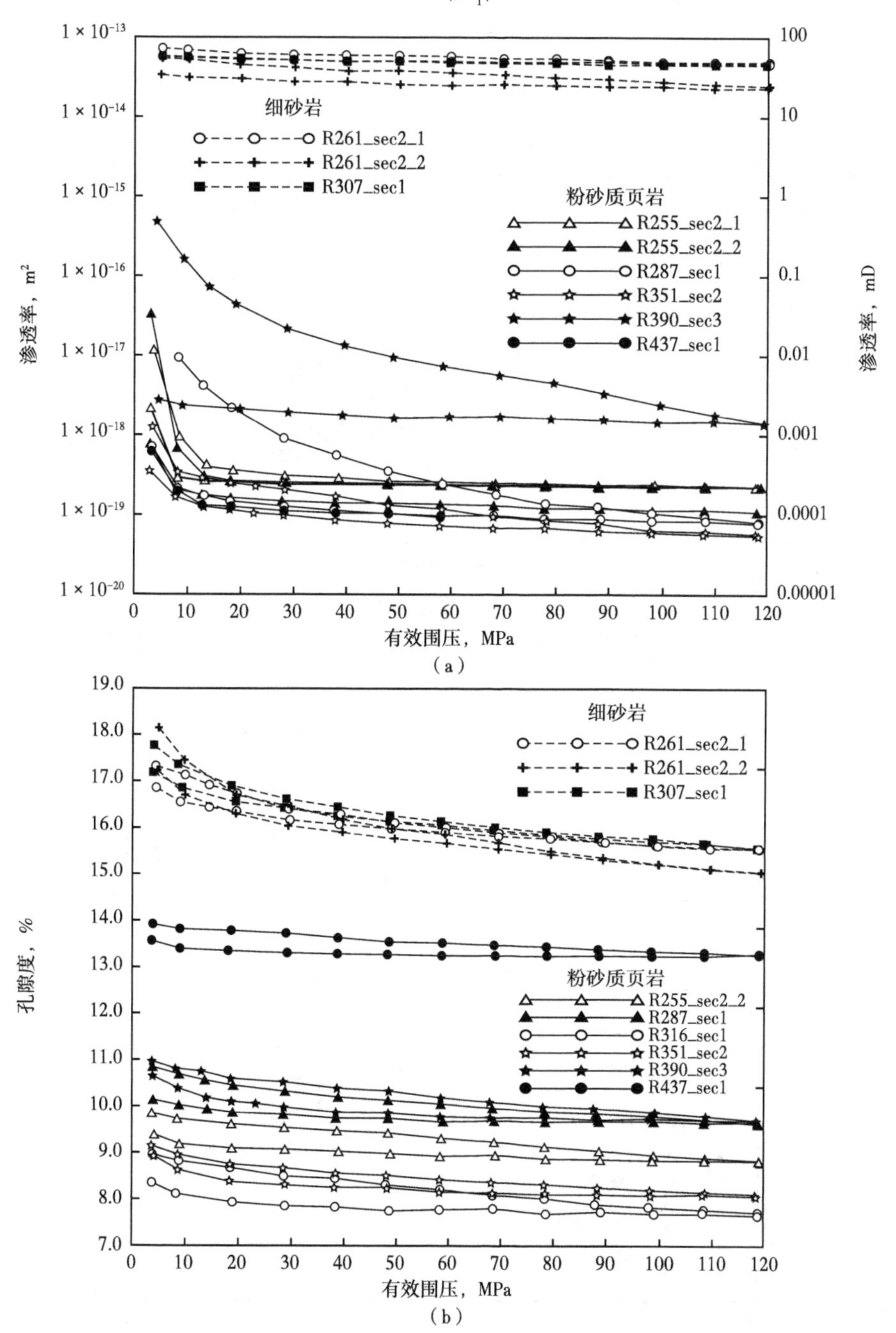

图 2.9 应力依赖性（a）渗透率和（b）砂岩的孔隙度（红色虚线）和粉砂页岩的孔隙度（实心黑线）（据 Dong 等，2010）

$$k = k_i\left(\frac{\sigma'}{\sigma'_i}\right)^{-d} \tag{2.39}$$

其中σ'为有效应力；a，b，c和d是实验系数。下标 i 表示初始状态。图 2.10 展示了利用指数关系和幂律相关性拟合页岩岩心孔隙度和渗透率的结果（Dong 等，2010）。

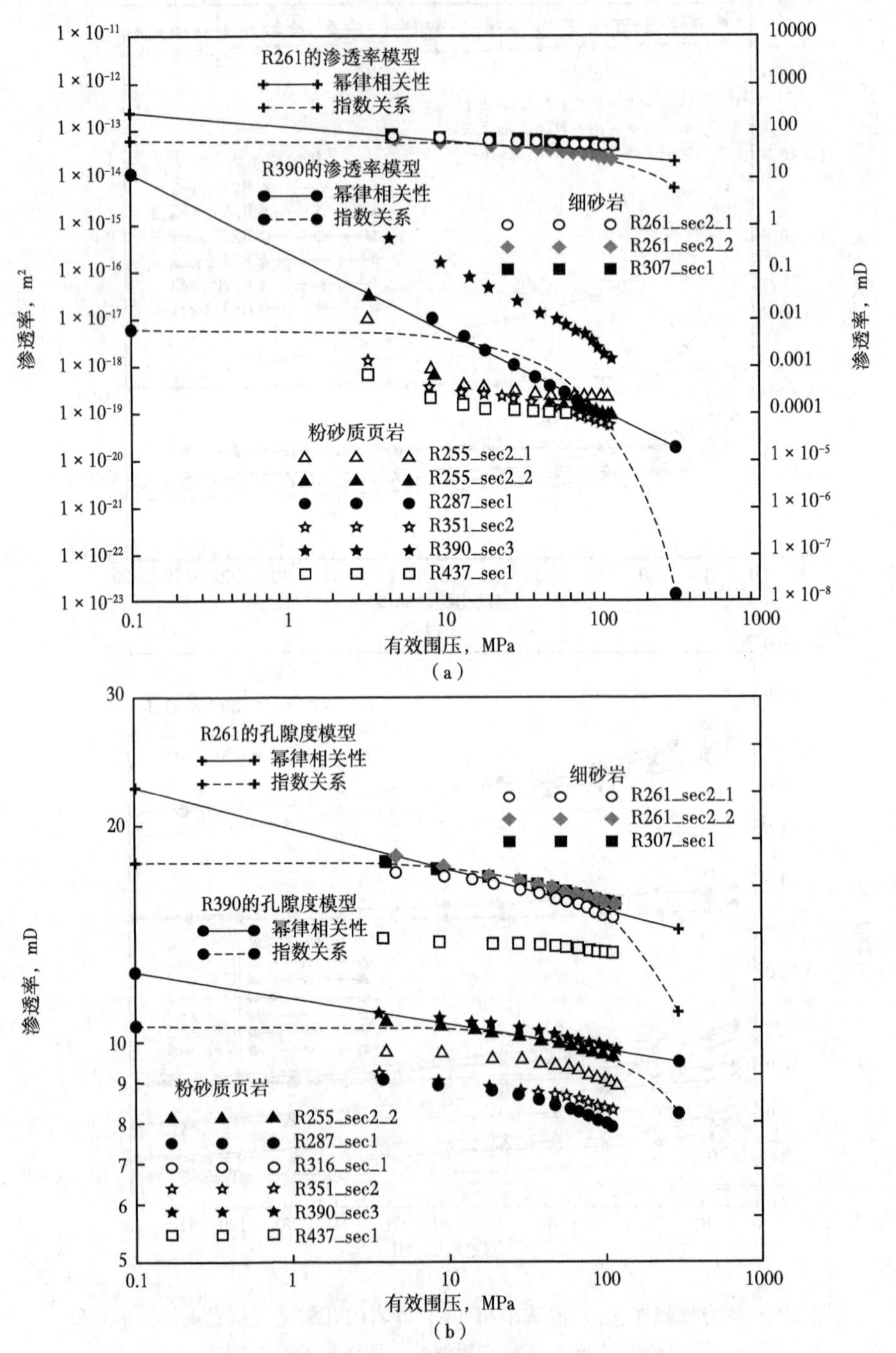

图 2.10 采用幂律相关性和指数关系的模型间对比（据 Dong 等，2010）

参考文献

[1] Agrawal A, Prabhu SV (2008) Survey on measurement of tangential momentum accommodation coefficificient. J Vac Sci Technol A 26 (4): 634-645. doi: 10. 1116/1. 2943641.

[2] Arkilic EB et al (2001) Mass flflow and tangential momentum accommodation in silicon micromachined channels. J Fluid Mech 437: 29-43.

[3] Azom P, Javadpour F (2012) Dual-continuum modeling of shale and tight gas reservoirs. Paper presented at the SPE annual technical conference and exhibition, San Antonio, Texas, 8-10 Oct 2012. doi: 10. 2118/159584-MS.

[4] Barenblatt GI et al (1960) Basic concept in the theory of seepage of homogeneous liquids in fifissured rocks. J Appl Math Mech 24 (5): 1286-1303.

[5] Beskok A, Karniadakis GE (1999) A model for flflows in channels, pipes, and ducts at micro and nano scales. Microsc Therm Eng 3 (1): 43-77. doi: 10. 1080/108939599199864.

[6] Brown GP et al (1946) The flow of gases in pipes at low pressures. J Apple Phys 17: 802-813.

[7] Brunauer S et al (1938) Adsorption of gases in multimolecular layers. J Am Chem Soc 60 (2): 309-319.

[8] Carter RD (1962) Solutions of unsteady-state radial gas flflow. J Pet Tech 14 (05): 549-554. doi: 10. 2118/108-PA.

[9] Chareonsuppanimit P et al (2012) High-pressure adsorption of gases on shales: measurements and modeling. Int J Coal Geol 95: 34-46. doi: 10. 1016/j. coal. 2012. 02. 005 .

[10] Cho Y et al (2013) Pressure-dependent natural-fracture permeability in shale and its effect on shale-gas well production. SPE Res Eval Eng 16 (2): 216-228. doi: 10. 2118/159801-PA.

[11] Civan F (2010) Effective correlation of apparent gas permeability in tight porous media. Transp Porous Med 82 (2): 375-384. doi: 10. 1007/s11242-009-9432-z.

[12] Cooke CE (1973) Conductivity of fracture proppants in multiple layers. J Pet Tech 25 (09): 1101-1107. doi: 10. 2118/4117-PA.

[13] Coppens M-O (1999) The effect of fractal surface roughness on diffusion and reaction in porous catalysts from fundamentals to practical applications. Catal Today 53 (2): 225-543. doi: 10. 1016/S0920-5861 (99) 00118-2.

[14] Coppens M-O, Dammers AJ (2006) Effects of heterogeneity on diffusion in nanopores from inorganic materials to protein crystals and ion channels. Fluid Phase Equilibr 241 (1-2): 308-316. doi: 10. 1016/j. flfluid. 2005. 12. 039.

[15] Cornell D, Katz DL (1953) Flow of gases through consolidated porous media. Ind Eng Chem 45 (10): 2145-2152. doi: 10. 1021/ie50526a021.

[16] Dacun L, Thomas WE (2001) Literature review on correlations of the non-darcy coefficificient. Paper presented at the SPE Permian basin oil and gas recovery conference, Midland, Texas, 15-17 May 2001. doi: org/10. 2118/70015-MS.

[17] Darabi H et al (2012) Gas flflow in ultra-tight shale strata. J Fluid Mech 710: 641-658. doi: 10. 1017/jfm. 2012. 424.

[18] Dong JJ et al (2010) Stress-dependence of the permeability and porosity of sandstone and shale from TCDP Hole-A. Int J Rock Much Min Sci 47 (7): 1141-1157. doi: 10. 1016/j. ijrmms. 2010. 06. 019.

[19] Etminan SR et al (2014) Measurement of gas storage processes in shale and of the molecular diffusion coeffificient in kerogen. Int J Coal Geol 123: 10-19. doi: 10. 1016/j. coal. 2013. 10. 007.

[20] Evans EV, Evans RD (1988) The inflfluence of an immobile or mobile saturation on non-Darcy compressible flflow of real gases in propped fractures. J Pet Tech 1345-1351. doi: 10.2118/15066-PA.

[21] Evans RD, Civan F (1994) Characterization of non-darcy multiphase flflow in petroleum bearing formation. U.S. Department of Energy, Washington, D.C.

[22] Fenton L (1960) The sum of log-normal probability distributions in scatter transmission systems. IEEE T Commun 8 (1): 57-67. doi: 10.1109/TCOM.1960.1097606.

[23] Florence FA et al (2007) Improved permeability prediction relations for low-permeability sands. Paper presented at SPE Rocky mountain oil and gas technology symposium, Denver, Colorado, 16-18 April 2007.

[24] Forchheimer P (1901) Wasserbewegung durch boden. Zeits V Deutsch Ing 45: 1781-1901.

[25] Freeman CM et al (2012) Measurement, modeling, and diagnostics of flflowing gas composition changes in shale gas wells. Paper presented at the SPE Latin American and Caribbean petroleum engineering conference, Mexico City, Mexico, 16-18 April 2012.

[26] Gad-el-Hak M (1999) The flfluid mechanics of microdevices—the freeman scholar lecture. J Fluids Eng 121 (1): 5. doi: 10.1115/1.2822013.

[27] Gao C et al (1994) Modeling multilayer gas reservoirs Including sorption effects. Paper presented at the SPE eastern regional conference and exhibition, Charleston, West Virginia, 8-10 Nov 1994.

[28] Geertsma J (1974) Estimating the coeffificient of inertial resistance in flfluid flflow through porous media. Soc Pet Eng J 14 (05): 445-450. doi: 10.2118/4706-PA.

[29] Green L, Duwez PJ (1951) Fluid flflow through porous metals. J Appl Mech 18 (1): 39.

[30] Hosseini SM (2013) On the linear elastic fracture mechanics application in Barnett shale hydraulic fracturing. Paper presented at the 47th U.S. rock mechanics/geomechanics symposium, San Francisco, California, 23-26 June 2013.

[31] Javadpour F (2009) Nanopores and apparent permeability of gas flflow in mudrocks (shales and siltstone). J Can Pet Tech 48 (8): 16-21. doi: 10.2118/09-08-16-DA.

[32] Javadpour F et al (2007) Nanoscale gas flflow in shale gas sediments. J Can Pet Tech 46 (10): 55-61. doi: 10.2118/07-10-06.

[33] Jones FO, Owens WW (1980) A laboratory study of low-permeability gas sands. J Pet Technol 32 (9): 1631-1640.

[34] Klinkenberg LJ (1941) The permeability of porous media to liquids and gases. In: Drilling and production practice, New York, January 1941.

[35] Kuila U, Prasad M (2013) Specifific surface area and pore-size distribution in clays and shales. Geophys Prosp 61 (2): 341-362.

[36] Langmuir I (1918) The adsorption of gases on plane surfaces of glass, mica and platinum. J Am Chem Soc 40: 1403-1461.

[37] Li Y, Ghassemi A (2012) Creep behavior of Barnett, Haynesville, and Marcellus shale. Paper presented at the 46th U.S. rock mechanics/geomechanics symposium, Chicago, Illinois, 24-27 June 2012.

[38] Moghanloo RG et al (2013) Contribution of methane molecular diffusion in kerogen to gas-in-place and production. Paper presented at the SPE western regional and AAPG pacifific section meeting 2013 Joint technical conference, Monterey, California, 19-25 April. doi: 10. 2118/165376-MS.

[39] Pedrosa OA (1986) Pressure transient response in stress-sensitive formations. Paper presented at the .

[40] SPE California regional meeting, Oakland, California, 2-4 April 1986. doi: 10.2118/15115-MS.

[41] Raghavan R, Chin LY (2004) Productivity changes in reservoirs with stress-dependent permeability. SPE

Res Eval Eng 7 (4): 308-315. doi: 10.2118/88870-PA .

[42] Rathakrishnan E (2004) Gas dynamics. Prentice-hall of India Pvt Ltd, New Delhi, India Rezaee R (eds) (2015) Fundamental of gas shale reservoirs. Wiley, New Jersey .

[43] Roy S et al (2003) Modeling gas flflow through microchannels and nanopores. J Appl Phys 93: 4870-4879. doi: 10.1063/1.1559936.

[44] Shabro V et al (2012) Finite-difference approximation for flfluid-flflow simulation and calculation of permeability in porous media. Transport Porous Med 94 (3): 775-793. doi: 10.1007/s11242-012-0024-y.

[45] Silin D, Kneafsey T (2012) Shale gas: nanometer-scale observations and well modeling. J Can Pet Tech 51 (6): 464-475.

[46] Sing KSW et al (1985) Reporting physisorption data for gas/solid systems with special reference to the determination of surface area and porosity. Pure Appl Chem 57 (4): 603-619.

[47] Singh H et al (2014) Nonempirical apparent permeability of shale. SPE Res Eval Eng 17 (3): 414-424. doi: 10.2118/170243-PA .

[48] Stewart G (2011) Well test design and analysis. Pennwell, Tulsa, Oklahoma.

[49] Swift GW, Kiel OG (1962) The prediction of gas-well performance including the effect of non-darcy flflow. J Pet Tech 14 (07): 791-798. doi: 10.2118/143-PA.

[50] Tek MR et al (1962) The effect of turbulence on flflow of natural gas through porous reservoirs. J Pet Tech 14 (07): 799-806. doi: 10.2118/147-PA.

[51] Tran D et al (2005) An overview of iterative coupling between geomechanical deformation and reservoir flflow. Paper presented at the SPE international thermal operations and heavy oil symposium, Calgary, Alberta, Canada, 1-3 Nov 2005. doi: 10.2118/97879-MS.

[52] Tran D et al (2010) Improved gridding technique for coupling geomechanics to reservoir flflow. Soc Pet Eng J 15 (1): 64-75. doi: 10.2118/115514-PA.

[53] Veltzke T, Thöming J (2012) An analytically predictive model for moderately rarefified gas flflow. J Fluid Mech 698: 406-422. doi: 10.1017/jfm.2012.98.

[54] Warren JE, Root PJ (1963) The behavior of naturally fractured reservoirs. Soc Petrol Eng J 3 (3): 245-255 .

[55] Yu W et al (2014) Evaluation of gas adsorption in Marcellus shale. Paper presented at the SPE annual technical conference and exhibition, Amsterdam, The Netherlands, 27-29 Oct 2014 .

[56] Zhang T et al (2012) Effect of organic-matter type and thermal maturity on methane adsorption in shale gas systems. Org Geochem 47: 120-131. doi: 10.1016/j.orggeochem.2012.03.012.

第3章 数值模拟

3.1 引言

页岩气藏的仿真模拟是当今的一个重要问题。对于页岩储层的精确建模，应考虑页岩的主要特征。天然裂缝系统可简化为双重孔隙和双重渗透率模型。这些模型将系统表示为正交裂缝和立方块基质。Langmuir 等温模型表征基质表面烃类气体的吸附。利用 Forchheimer 方程计算由裂缝中湍流引起的非达西流动。为了表征页岩生产过程中的变形，通过地质力学模型计算应力和应变并耦合应力依赖孔隙度与渗透率关系。基于这些机理，率先提出了一体化数值模型。最后，利用 Barnett 油田数据验证了页岩气藏模型。为了表征应力依赖压实效应，通过指数和幂律相关式拟合实验数据来估算相应的实验因子。历史拟合的结果分别显示了考虑应力依赖压实及未考虑应力依赖压实。此外，还介绍了与 SRV 概念相关的历史拟合结果。

3.2 页岩气藏模拟

许多研究已经探索了页岩储层的数值模型（Cipolla 等，2010；Rubin，2010；Yu 等，2013；Lee 等，2014；Kim 等，2014，2015；Kim 和 Lee，2015）。对于页岩气藏的实际模拟，应考虑天然裂缝系统、多级压裂水平井、甲烷吸附、非达西流动、应力依赖压实和改造区域（SRV）。

双重孔隙度模型和双重渗透模型可用于模拟天然裂缝系统。这些油藏模型显示了页岩气藏中基质和裂缝表征方法的差异。在由 Warren 和 Root（1963）提出的双重孔隙度模型中，裂缝是与井筒连接的唯一通道。双重孔隙模型基质不直接与井筒连通，基质流体通过裂缝传输到井筒。双重渗透模型类似于双重孔隙模型，但双重渗透模型的基质块具有比双重孔隙模型更多的流动通道。双重渗透系统假设基质和裂缝都直接连接到井筒。流体可以从裂缝和基质流到井筒，同时也可以在基质和裂缝之间流动。

下面介绍了对天然裂缝储层进行建模的双重孔隙度模型和双重渗透率模型的控制方程（CMG，2015）。双重孔隙度模型的控制方程是单重孔隙度模型控制方程的扩展。基质的表征遵循 Kazemi 等（1978）的观点，假设裂缝在三个方向上正交，并作为基质块的边界。下面给出了基质［式（3.1）和式（3.2）］以及裂缝［式（3.3）和式（3.4）］块中的双重孔隙模型方程式：

$$\psi_{i\mathrm{m}} = -\tau_{i\mathrm{omf}} - \tau_{i\mathrm{gmf}} - \frac{V}{\Delta t}(N_i^{n+1} - N_i^n)_{\mathrm{m}} = 0 \qquad (i=1, \cdots, n_{\mathrm{c}}) \tag{3.1}$$

$$\psi_{n_{\mathrm{c}}+1,\ \mathrm{m}} = -\tau_{\mathrm{wmf}} - \frac{V}{\Delta t}(N_{n_{\mathrm{c}}+1}^{n+1} - N_{n_{\mathrm{c}}+1}^{n})_{\mathrm{m}} = 0 \tag{3.2}$$

$$\psi_{if} = \Delta T^{s}_{of} y^{s}_{iof}(\Delta p^{n+1} - \gamma^{s}_{o}\Delta D)_{f} + \Delta T^{s}_{gf} y^{s}_{igf}(\Delta p^{n+1} + \Delta p^{s}_{cog} - \gamma^{s}_{g}\Delta D)_{f} + q^{n+1}_{i} + \tau_{iomf} + \tau_{igmf} - \frac{V}{\Delta t}(N^{n+1}_{i} - N^{n}_{i}) = 0 \quad (i = 1, \cdots, n_{c}) \tag{3.3}$$

$$\psi_{n_c+1,f} = \Delta T^{s}_{wf}(\Delta p^{n+1} - \Delta p^{s}_{cwo} - \gamma^{s}_{w}\Delta D)_{f} + q^{n+1}_{w} + \tau_{wmf} - \frac{V}{\Delta t}(N^{n+1}_{n_c+1} - N^{n}_{n_c+1})_{f} = 0 \tag{3.4}$$

式中：ψ 为物质平衡方程参数；τ_{iomf}为油相中组分 i 基质—裂缝间传递参数；τ_{igmf}为气相中组分 i 基质—裂缝间传递参数；τ_{wmf}为水相中的基质—裂缝间传递参数；V 为网格块体积；Δt 为时间步长，N_i 为每单位网格块体积组分 i 的物质的量，mol，N_{n_c+1}为每单位网格块体积水的物质的量，mol；T_j 为相 j 的传导率，y_{ij}为相 j 中组分 i 的摩尔分数；γ_j 为相 j 的梯度；D 为深度；p_{cog}为油气毛细管压力；p_{cwo}为油水毛细管压力。$i=1$，…，n_c，下标 i 对应于烃组分，下标 n_c+1 表示水组分。下标 j 表示油、气和水三相，由 o、g 和 w 表示。上标 n 和 $n+1$ 分别表示旧的和当前的时间步，上标 s 中 n 表示显式块，$n+1$ 表示隐式块。下标 f 和 m 分别对应于裂缝和基质。

双重渗透率模型类似于双重孔隙度模型，除了基质块彼此之间的连接从而提供用于流体流动的额外通道。裂缝控制方程与双重孔隙模型中的相同。基质流动方程包含如下附加项：

$$\psi_{im} = \Delta T^{s}_{om} y^{s}_{iom}(\Delta p^{n+1} - \gamma^{s}_{o}\Delta D)_{m} + \Delta T^{s}_{gm} y^{s}_{igm}(\Delta p^{n+1} + \Delta p^{s}_{cog} - \gamma^{s}_{g}\Delta D)_{m} - \tau_{iomf} - \tau_{igmf} - \frac{V}{\Delta t}(N^{n+1}_{i} - N^{n}_{i})_{m} = 0 \quad (i = 1, \cdots, n_{c}) \tag{3.5}$$

$$\psi_{n_c+1,m} = \Delta T^{s}_{wm}(\Delta p^{n+1} - \Delta p^{s}_{cwo} - \gamma^{s}_{w}\Delta D)_{m} - \tau_{wmf} - \frac{V}{\Delta t}(N^{n+1}_{n_c+1} - N^{n}_{n_c+1})_{m} = 0 \tag{3.6}$$

有几种计算基质—裂缝间传递的方法，其中一种是考虑了毛细管压力和部分嵌入式基质，即

$$\tau_{omf} = \sigma V \frac{K_{ro}\rho_{o}}{\mu_{o}}(p_{om} - p_{of}) \tag{3.7}$$

$$\tau_{gmf} = \sigma V \frac{K_{rg}\rho_{g}}{\mu_{g}}\left\{(p_{om} - p_{of}) + \left[S_{gm} + \frac{\sigma_{z}}{\sigma}\left(\frac{1}{2}S_{gm}\right)\right](\tilde{p}_{cog,m} - \tilde{p}_{cog,f})\right\} \tag{3.8}$$

$$\tau_{wmf} = \sigma V \frac{K_{rw}\rho_{w}}{\mu_{w}}\left\{\begin{array}{c}(p_{om} - p_{of}) - (p_{cwo,m} - p_{cwo,f}) \\ -\left(\frac{1}{2}\frac{\sigma_{z}}{\sigma}\right)[(\tilde{p}_{cwo,m} - \tilde{p}_{cwo,f}) - (p_{cwo,m} - p_{cwo,f})]\end{array}\right\} \tag{3.9}$$

其中 σ 为传递系数。

如下面的式（3.10）所示，Langmuir 等温模型被认为是用于描述岩石在等温条件下吸附能力作为压力变化的函数。

$$V = \frac{V_{Lp}}{p + p_{L}} \tag{3.10}$$

式中：V 为压力 p 下的吸附气体体积；Langmuir 体积 V_L 表示可以吸附的最大气体体积；Langmuir 压力 p_L 是 Langmuir 体积气体的一半时对应的压力。

对于水力裂缝中流动的仿真模拟，应考虑非达西效应。考虑惯性效应而建立的 Forchheimer 方程（1901）为：

$$-\frac{dp}{dx}=\frac{\mu v}{K}+\beta\rho v^2 \tag{3.11}$$

其中：β 为非达西流因子或 Forchheimer β 系数；v 为渗流速度；为了计算非达西流因子，可以使用 Evans 和 Civan（1994）给出的经验相关式：

$$\beta=\frac{1.485\times10^9}{\phi K^{1.021}} \tag{3.12}$$

气体滑脱是与多孔介质中的非层流效应相关的现象。在低压下，各个气体分子的速度趋向于加速或沿多孔介质的孔壁滑动。因此，在不考虑这种气体滑脱效应的情况下，渗透率将被高估。这种现象被称为 Klinkenberg 效应（1941），并且在小孔喉低渗透率或页岩储层中尤为显著。达西定律需基于平均流动压力进行校正。在特定压力下的有效气体渗透率由式（3.13）给出：

$$K_g=K_D\left(1+\frac{b}{p_{avg}}\right) \tag{3.13}$$

在页岩气藏中，水力压裂不仅会产生新的裂缝，还会激活现有的天然裂缝，从而导致井筒周围相互连接的裂缝网络。Kim 和 Lee（2015）对再生裂缝和天然裂缝进行了区分，以构建更精确的页岩气藏。在井筒附近形成了由水力压裂和再生裂缝组成的 SRV。为了区分再生裂缝和天然裂缝，将储层模型分为两个区域。内部区域包括水力压裂裂缝和再生裂缝，外部区域包含天然裂缝。毫无疑问，再生裂缝渗透率高于天然裂缝渗透率。

以往的研究表明了地质力学模型与油藏模型之间的迭代耦合易于收敛，并且易于油藏和地质力学模拟器的维护（Tran 等，2005，2010）。地质力学模型的基本方程可以分为两组：一组包含主要流体变量，如压力和温度；另一组包含地质力学变量，如位移、应力和应变。地质力学模型包括应力平衡方程、应力—应变关系和应变—位移关系，如下所示：

$$\nabla\cdot\boldsymbol{\sigma}-\boldsymbol{F}=0 \tag{3.14}$$

$$\boldsymbol{\sigma}=\boldsymbol{C}:\boldsymbol{\varepsilon}+(\alpha p+\eta\Delta T)\boldsymbol{I} \tag{3.15}$$

$$\boldsymbol{\varepsilon}=\frac{1}{2}[\nabla\boldsymbol{u}+(\nabla\boldsymbol{u})^T] \tag{3.16}$$

式中：$\boldsymbol{\sigma}$ 为总应力张量；$\boldsymbol{F}$ 为体力；$\boldsymbol{C}$ 为切向刚度张量；α 为 Biot 常数；η 为热弹性常数；$\boldsymbol{\varepsilon}$ 为应变张量；$\boldsymbol{u}$ 为位移矢量；p 为孔隙压力；ΔT 为温度变化；$\boldsymbol{I}$ 为单位矩阵。式（3.14）展示了岩石中应力和作用在岩石上的其他力之间的平衡。基于式（3.14）至式（3.16），可以得到以下控制方程：

$$\nabla \cdot \left\{ \boldsymbol{C} : \frac{1}{2}[\nabla \boldsymbol{u} + (\nabla \boldsymbol{u})^{\mathrm{T}}] \right\} = -\nabla \cdot [(ap + \eta \nabla T)\boldsymbol{I}] + \boldsymbol{F} \tag{3.17}$$

在式（3.17）中通过流动方程获得的压力来求解位移矢量。在确定位移矢量之后，可以分别通过式（3.15）和式（3.16）计算应变和应力张量。然后，利用这些地质力学参数计算孔隙度。因此，孔隙度不仅是压力和温度的函数，而且还是岩石应力和应变的函数。

如 2.6 节所述，页岩储层的变形模拟是通过应力依赖相关式与线弹性模型耦合建模来实现。指数相关式和幂律相关式用于表征页岩气藏模型中由于孔隙度和渗透率的降低引起的产量下降。使用从地质力学模型得到的有效应力可用于计算孔隙度乘数和渗透率乘数。在一般情况下，假设 Biot 常数为 1，则总应力 σ 定义为：

$$\sigma = \sigma' + p \tag{3.18}$$

将式（3.18）代入应力依赖孔渗相关式中［式（3.19）至式（3.22）］从而得到孔隙度和渗透率相对于压力的乘数。

$$\phi = \phi_{\mathrm{i}} \mathrm{e}^{-\alpha(\sigma' - \sigma'_{\mathrm{i}})} \tag{3.19}$$

$$K = K_{\mathrm{i}} \mathrm{e}^{-b(\sigma' - \sigma'_{\mathrm{i}})} \tag{3.20}$$

$$\phi = \phi_{\mathrm{i}} \left(\frac{\sigma'}{\sigma'_{\mathrm{i}}} \right)^{-c} \tag{3.21}$$

$$K = K_{\mathrm{i}} \left(\frac{\sigma'}{\sigma'_{\mathrm{i}}} \right)^{-d} \tag{3.22}$$

式中：a，b，c 和 d 为实验回归系数；σ'_{i} 为初始有效应力；K 为渗透率；K_{i} 为初始渗透率；ϕ 为孔隙度；ϕ_{i} 为初始孔隙度。这些公式表示了孔隙度和渗透率随有效应力的演化关系。

Kim 等（2015）提出了考虑应力依赖压实效应的一体化数值模型（图 3.1）。页岩气藏的体积为 550ft×550ft×150ft（每个网格块的尺寸为 22ft×22ft×30ft），外边界为封闭边界。假设在整个储层中沿 x 方向和 y 方向每隔 25ft 存在天然裂缝。为有效地开发页岩气藏，水平

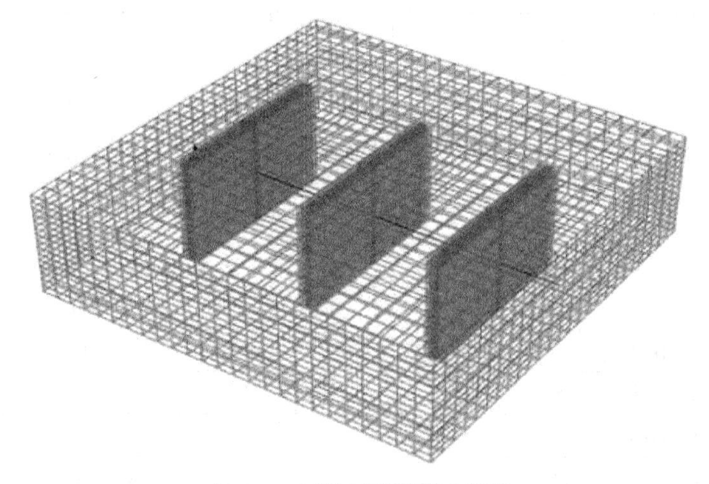

图 3.1　页岩气藏模型示意图

井位于油藏的水平方向和垂直方向的中心。水力裂缝采用局部网格加密（LGR）技术建模，从而生成具有水力压裂特性的细小网格块。以对数方式进行网格块加密，裂缝旁的加密网格长度为1.2ft。油藏在纵向上完全被水力裂缝穿透，裂缝高度与油藏厚度相同。假设水力裂缝性质沿裂缝是恒定的并且具有有限的导流能力。流体包括气体和水，但水是残余束缚态的或不可动的，因此假定流动的流体是单相气体。表3.1中的参数应用于应力依赖相关式。基于实验室数据的基质和裂缝的孔隙度乘数和渗透率乘数如图3.2所示。通过考虑气体吸附/解吸和非达西流动以描绘真实的页岩气藏，建模过程中忽略井筒储集效应。该模型中使用的气藏、水力裂缝和地质力学模型的其他基本参数列于表3.2至表3.4中。

表3.1　页岩应力依赖孔渗实验系数

系数	数值
a，MPa^{-1}	0.00095
b，MPa^{-1}	0.0353
c	0.033
d	1.478

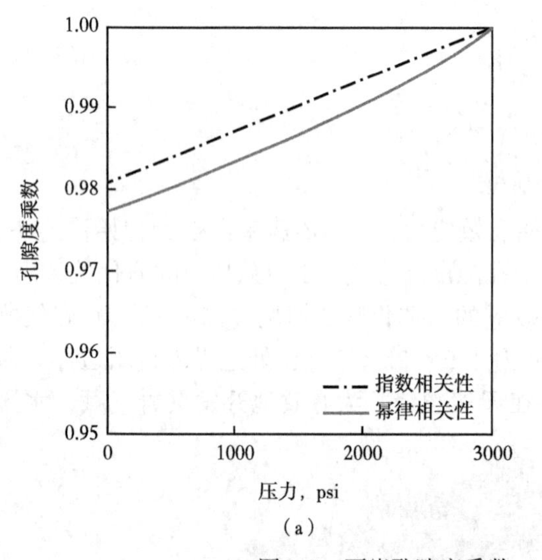

(a)

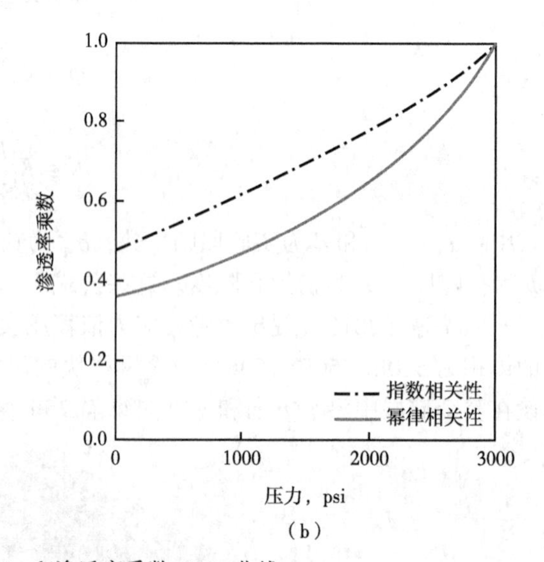

(b)

图3.2　页岩孔隙度乘数（a）和渗透率乘数（b）曲线

表3.2　模型中页岩储层参数

属性	数值
气藏压力（p_i），psi	3000
气藏温度（T），℉	100
气藏厚度（h），ft	150
基质孔隙度（ϕ_m）	0.03
裂缝孔隙度（ϕ_f）	8.00×10^{-5}

续表

属性	数值
基质渗透率（K_m），mD	1.00×10^{-3}
天然裂缝渗透率（K_f），mD	4.00×10^{-4}
天然气产量（q_{sc}），$10^3ft^3/d$	5.00
井筒半径（r_w），ft	0.25
水平井长度（L），ft	550

表 3.3　模型中水力裂缝参数

属性	数值
水力裂缝渗透率（K_F），mD	1000
裂缝半长（x_F），ft	100
裂缝高度，ft	150
裂缝宽度，ft	0.001
裂缝间距（d），ft	176
裂缝级数	3

表 3.4　模型中地质力学参数

属性	数值
上覆压力，psi	6000
初始有效压力，psi	3000
杨氏模量，GPa	5
泊松比	0.2

3.3　现场数据验证

为了验证生成的页岩气模型，使用来自 Barnett 页岩的气井数据进行历史拟合。图 3.3 展示了 Anderson 等（2010）研究中的每日压力和气体产量数据。数值模型的水平井段长 3250ft，有 19 级裂缝。为了将指数相关式和幂律相关式应用于 Barnett 页岩的数值模型，应先确定实验系数。Cho 等（2013）将该 Barnett 页岩数据的渗透率指数相关式系数定为 0.0087。因为没有相关实验数据确定幂律相关式系数，所以应该通过指数和幂律之间的关系来进行计算。表 3.5 展示了 Dong 等（2010）基于砂岩和页岩孔隙度和渗透率测试数据，通过拟合，给出了相关实验系数。根据这些实验数据，可以获得指数和幂律的关系函数。图 3.4 展示了基于砂岩和页岩样品的孔隙度和渗透率测试数据回归出的指数相关式系数与幂律相关式系数图。如图 3.4 所示，所有图呈线性关系。从这些线性函数可以得到 Barnett 页岩的幂律相关式系数。因此，使用从图 3.4（d）获得的线性相关式，确定渗透率的幂律相关式系数为 0.383。以相同的方式，从图 3.4（c），孔隙度的幂律相关式系数为 0.0252。图 3.5 提供了的基于这些系数的孔隙度和渗透率乘数用于 Barnett 页岩的模拟。

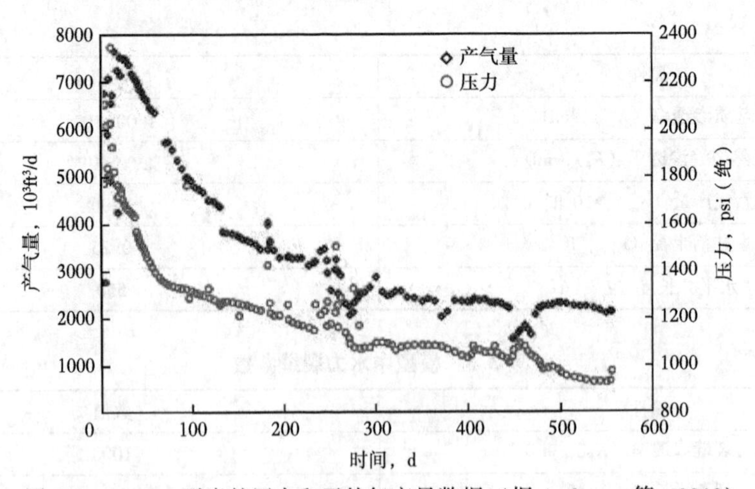

图 3.3　Barnett 页岩的压力和天然气产量数据（据 Anderson 等，2010）

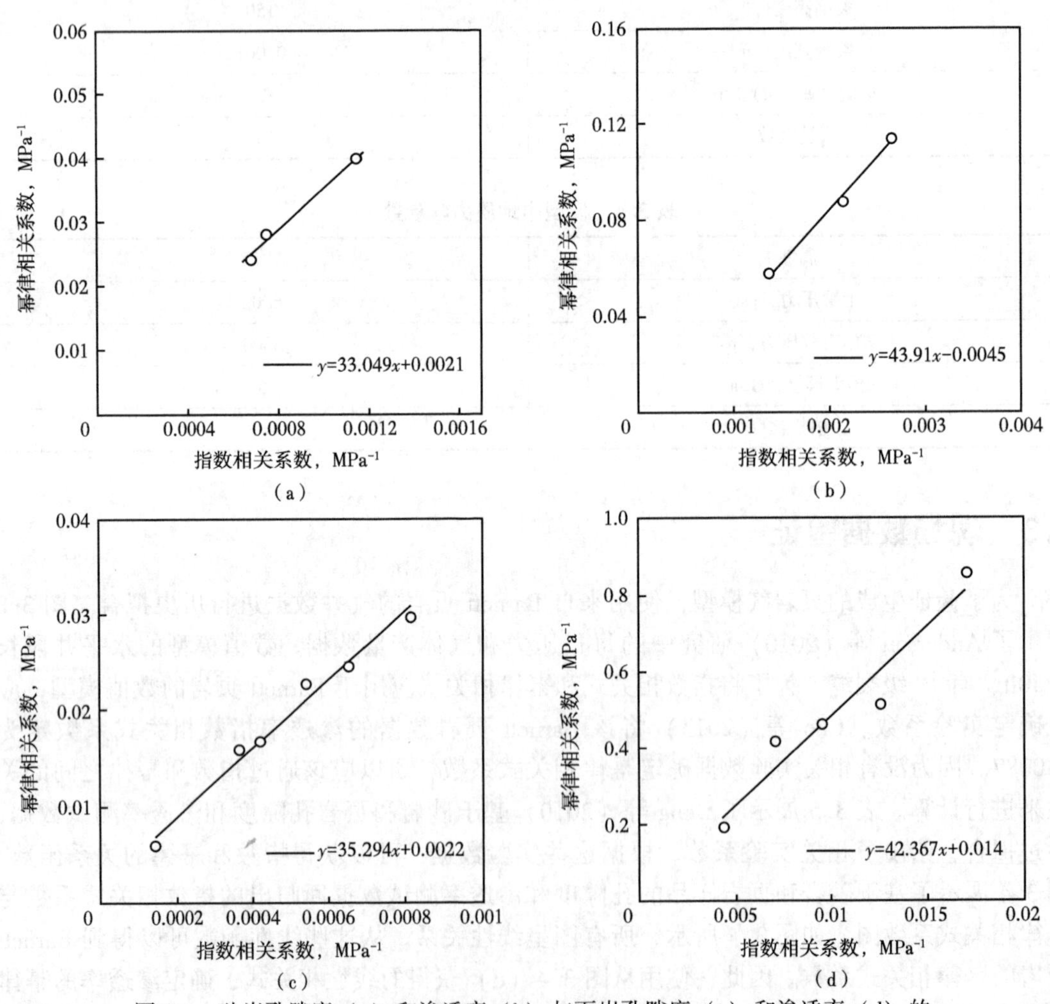

图 3.4　砂岩孔隙度（a）和渗透率（b）与页岩孔隙度（c）和渗透率（d）的指数相关式系数与幂律相关式系数的回归关系

表 3.5 基于砂岩和页岩孔隙度和渗透率测试数据结合曲线拟合技术确定的相关实验系数（据 Dong 等，2010）

样品编号	指数相关式系数				幂律相关式系数			
	孔隙度		渗透率		孔隙度		渗透率	
	a，MPa^{-1}		b，MPa^{-1}		c		d	
	加载	卸载	加载	卸载	加载	卸载	加载	卸载
砂岩								
R261_sec2_1	0.91×10^{-3}	0.69×10^{-3}	2.84×10^{-3}	1.37×10^{-3}	0.037	0.024	0.120	0.057
R261_sec2_1	1.58×10^{-3}	1.15×10^{-3}	7.68×10^{-3}	2.65×10^{-3}	0.056	0.040	0.303	0.114
R307_sec1	1.03×10^{-3}	0.75×10^{-3}	3.46×10^{-3}	2.16×10^{-3}	0.040	0.028	0.143	0.087
页岩								
R255_sec2_1			16.78×10^{-3}	7.91×10^{-3}			0.844	0.416
R255_sec2_1	0.95×10^{-3}	0.42×10^{-3}	35.29×10^{-3}	18.88×10^{-3}	0.033	0.017	1.478	0.855
R287_sec1	0.94×10^{-3}	0.37×10^{-3}	43.47×10^{-3}	10.58×10^{-3}	0.036	0.016	1.677	0.466
R351_sec2	1.04×10^{-3}	0.82×10^{-3}	25.93×10^{-3}	13.90×10^{-3}	0.032	0.030	0.937	0.514
R316_sec1	1.30×10^{-3}	0.54×10^{-3}			0.046	0.023		
R390_sec3	1.01×10^{-3}	0.65×10^{-3}	42.90×10^{-3}	4.84×10^{-3}	0.036	0.028	1.744	0.196
R437_sec1	0.41×10^{-3}	0.14×10^{-3}	22.78×10^{-3}		0.014	0.003	0.588	

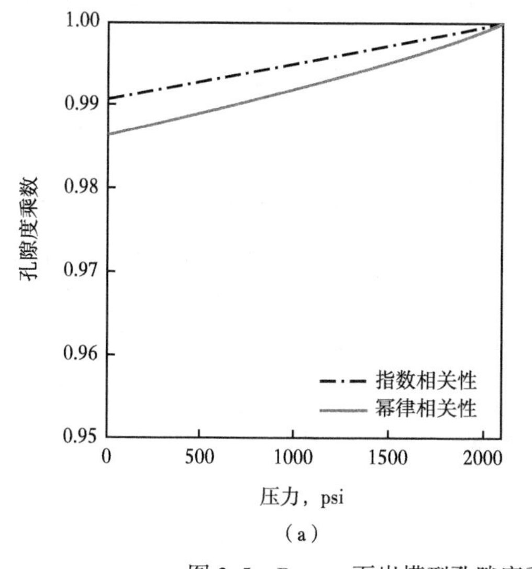

(a)

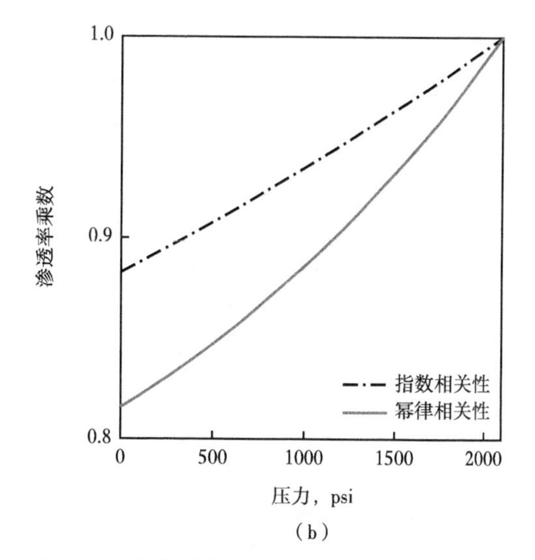

(b)

图 3.5 Barnett 页岩模型孔隙度乘数（a）和渗透率乘数（b）曲线

图 3.6 展示了不同的模型井底压力的历史拟合结果。对比了未考虑地质力学模型、指数相关的地质力学模型和具有幂律相关性的地质力学模型。具有指数相关性和幂律相关性的模型显示出比未考虑地质力学模型更低的拟合误差。相较于不考虑页岩变形的模型，考虑应力依赖关系的数值模型更好地预测了页岩气井的产量。此外，在所有情况下，拟合后得到的气藏属性参数值亦各不相同。表 3.6 给出了不同模型拟合后的裂缝和基质渗透率、初始压力和水力裂缝半长的值，由于压实效应的不同导致这些参数最终拟合后得到的值也存在差异。考

虑地质力学模型的水力裂缝半长要高于未考虑地质力学模型的水力裂缝半长。根据 Anderson 等(2010)的研究，考虑地质力学模型的结果比未考虑地质力学模型的结果更可靠。

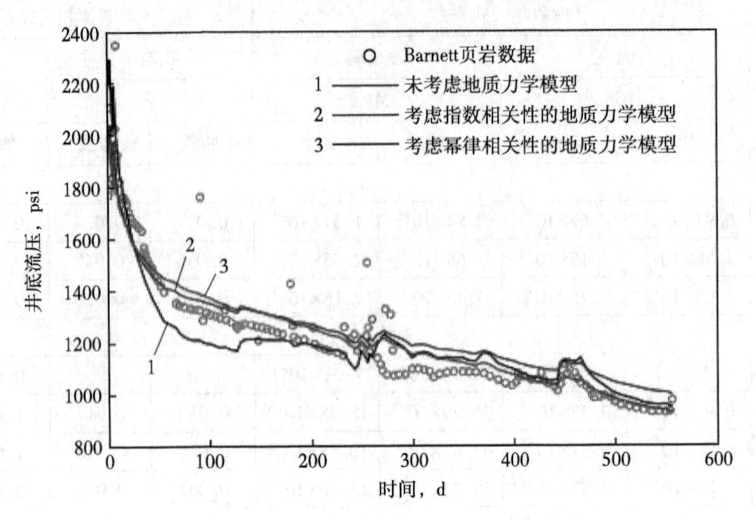

图 3.6　Barnett 页岩气井底压力拟合结果

表 3.6　裂缝和基质渗透率、初始压力和水力压裂半长的拟合值

模型	裂缝渗透率 mD	基质渗透率 mD	初始压力 psi	水力裂缝半长 ft
未考虑地质力学模型	2.23×10^{-3}	1.00×10^{-7}	2357	90
考虑指数相关性地质力学模型	2.98×10^{-3}	1.78×10^{-6}	2079	170
考虑幂律相关性地质力学模型	4.71×10^{-3}	4.95×10^{-6}	2037	174

为了更准确地进行历史拟合，基于之前的数值模型还考虑了 SRV 对拟合结果的影响。图 3.7 展示了考虑应力依赖压实和 SRV 的历史拟合结果。它表明，当考虑 SRV 的影响时，

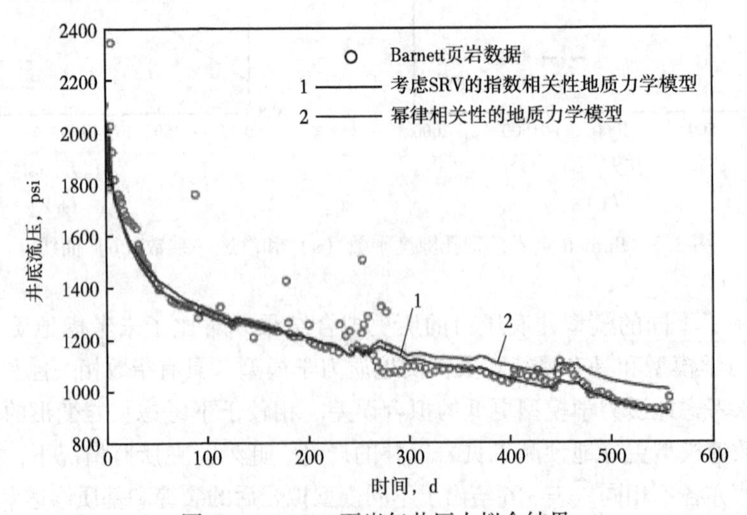

图 3.7　Barnett 页岩气井压力拟合结果

可以获得更精确的拟合结果。在这种情况下，具有指数相关性和 SRV 的模型显示出比具有幂律相关性和 SRV 的模型更精确的拟合结果。

参考文献

[1] Anderson D et al (2010) Analysis of production data from fractured shale gas wells. Soc Pet Eng J 15 (01): 64-75. doi: 10.2118/115514-PA.

[2] Cho Y et al (2013) Pressure-dependent natural-fracture permeability in shale and its effect on shale-gas well production. SPE Res Eval Eng 16 (2): 216-228. doi: 10.2118/159801-PA.

[3] Cipolla CL et al (2010) Reservoir modeling in shale-gas reservoirs. SPE Res Eval Eng 13 (4): 638- 653. doi: 10.2118/125530-PA.

[4] CMG (2015) GEM user guide. Computer Modelling Group Ltd, Calgary, Alberta.

[5] Dong JJ et al (2010) Stress-dependence of the permeability and porosity of sandstone and shale from TCDP Hole-A. Int J Rock Much Min Sci 47 (7): 1141-1157. doi: 10.1016/j.ijrmms.2010.06.019.

[6] Evans RD and Civan F (1994) Characterization of non-darcy multiphase flflow in petroleum bearing formation. Dissertation, University of Oklahoma.

[7] Kazemi H et al (1978) An effificient multicomponent numerical simulator. Soc Pet Eng J 18 (05): 355-368. doi: 10.2118/6890-PA.

[8] Kim TH, Lee KS (2015) Pressure-transient characteristics of hydraulically fractured horizontal wells in shale-gas reservoirs with natural- and rejuvenated-fracture networks. J Can Pet Tech 54 (04): 245-258. doi: 10.2118/176027-PA.

[9] Kim TH et al (2014) Development and application of type curves for pressure transient analysis of multiple fractured horizontal wells in shale gas reservoirs. Paper presented at the offshore technology conference-Asia, Kuala Lumpur, Malaysia, 25-28 March 2014. doi: 10.4043/ 24881-MS.

[10] Kim TH et al (2015) Integrated reservoir flflow and geomechanical model to generate type curves for pressure transient responses in shale gas reservoirs. Paper presented at the twenty-fififth international offshore and polar engineering conference, Kona, Hawaii, 21-26 June 2015.

[11] Klinkenberg LJ (1941) The permeability of porous media to liquids and gases. In: Drilling and production practice, New York, Jan 1941.

[12] Lee SJ et al (2014) Development and application of type curves for pressure transient analysis of horizontal wells in shale gas reservoirs. J Oil Gas Coal T 8 (2): 117-134. doi: 10.1504/IJOGCT.2014.06484.

[13] Rubin B (2010) Accurate simulation of non-Darcy flflow in stimulated fractured shale reservoirs. Paper presented at the SPE western regional meeting, Anaheim, California, 27-29 May 2010. doi: 10.2118/132093-MS.

[14] Tran D et al (2005) An overview of iterative coupling between geomechanical deformation and reservoir flflow. Paper presented at the SPE international thermal operations and heavy oil symposium, Calgary, Alberta, 1-3 November 2005.

[15] Tran D et al (2010) Improved gridding technique for coupling geomechanics to reservoir flflow. Soc Pet Eng J 15 (1): 64-75. doi: 10.2118/115514-PA.

[16] Warren JE, Root PJ (1963) The behavior of naturally fractured reservoirs. Soc Pet Eng J 3 (3): 245-255.

[17] Yu W et al (2013) Sensitivity analysis of hydraulic fracture geometry in shale gas reservoirs. J Pet Sci Eng 113: 1-7. doi: 10.1016/j.petrol.2013.12.005.

第4章　动态分析

4.1　引言

本章对页岩气藏生产动态分析及评价的实用方法进行了相关介绍。在进行大型压裂之前先进行小型压裂试验，以确定储层和裂缝性质，为大型压力设计提供相应的基础信息。小型压裂通常在没有支撑剂的情况下进行，并且基本原理与储层内的非稳态压力响应分析的原理类似。其用于预测常规油藏产量的递减分析（DCA），也可用于预测页岩气藏的产量。在常规油藏产能预测中，工程师使用经验分析方法，如指数和双曲线关系评估油气藏的最终采收率（EUR）。由于模型相关的假设，这些关系式直接被应用于预测页岩储层的产能存在一定误差，因此最近针对页岩气藏产能预测提出了各种递减关系式，如幂律指数模型、拉伸指数模型、Duong 模型和对数式增长模型。文献中记载了几种产量瞬态分析（RTA）方法。其中，三种典型图版分析法特别适用于致密气和页岩气动态分析：平方根时间图版分析法、流动物质平衡法和双对数图版分析法。基于动态数据并正确使用这些图版能准确识别主要流动形态，同时估测油藏属性、视表皮和烃类储集空间（HCPV）。最后，基于页岩储层和裂缝性质，进行了大量的数值模拟研究，基于双对数诊断图版和产能指数曲线分析压力响应行为。最后，介绍了如何应用典型特征曲线拟合并解释页岩气藏属性。

4.2　小型压裂测试

在要进行水力压裂的井中，经常进行小型压裂试验，也被称为校准试验，以确定增产设计方案所需的参数（Benelkadi 和 Tiab，2004）。与水力压裂相关的压力分析由 Nolte（1979，1988）开创。基本原理与储层中流体非稳态流动的压力分析类似。两者都是通过分析储层内流体渗流产生的压力响应来解释地下发生的复杂现象。

裂缝闭合前后的压裂压力分析为理解和改进压裂工艺流程提供了有力的分析工具。小型压裂分析技术的优点在于提供了确定压裂设计的基础参数，如滤失系数、裂缝尺寸、流体效率、闭合压力和储层参数。然后可以使用这些参数来确定所需的压裂液的体积、最优的防止滤失添加剂以及最佳的压裂施工设计方案。

图 4. 1 展示了从注入开始到油藏扰动诊断测试（DFIT）全周期典型压力响应曲线。井筒充满注入流体，通过泵注入额外的流体以压裂地层并产生小裂隙，这些操作通常在没有支撑剂的情况下进行。然后关井，观察裂缝的闭合并监测闭合后的压力衰减响应（Ewens 等，2012）。裂缝闭合前后的数据提供了与裂缝设计相关的补充信息。基于两个典型阶段，分析方法分为两类：

（1）裂缝闭合前。压裂结束后，压力开始下降，类似于常规压降测试分析。因为储层介质中存在动态变化的裂缝导致了该过程的复杂性。随着时间的推移，裂缝将会闭合。在闭合之前，由于在压裂施工期间储存的能量，裂缝可能继续扩张。直至裂缝闭合前，该阶段压力分析给出了存在裂缝的多孔介质储层中裂缝闭合及滤失行为相关信息。可以使用 G 函数图版结合压降数据确定裂缝闭合压力，这将在后面进行介绍。此外，利用裂缝闭合时的 G 函数时间值，并结合数值模拟得到的经验公式可用于估算地层渗透率（Barree 等，2009）。

（2）裂缝闭合后。在裂缝闭合后，压力响应不依赖其对张开裂缝的力学响应，压力响应主要受储层内瞬态压力响应的控制。这种响应，源于压裂过程中的流体滤失，会表现出晚期径向响应。可以通过类似常规试井分析的方法确定该流态。在此期间，对压力特征的分析可以提供关于渗透率和其他储层相关属性的信息。

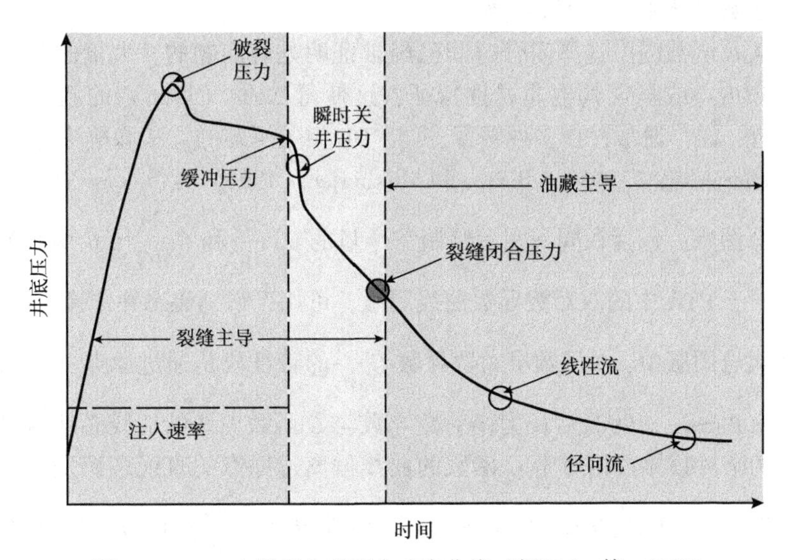

图 4.1 DFIT 全周期典型压力响应曲线（据 Nolte 等，1988）

4.2.1 裂缝闭合前

Nolte（1979）引入了一个称为 G 函数的无量纲函数，也称 G 时间。压裂注入试验后，将 G 函数与衰减压力绘制成图，在理想情况下为线性关系，通过斜率计算滤失系数（Castillo，1987）。G 函数是基于压裂期间的滤失系数为常数而构建的。基本的 G 函数计算基于以下关系式：

$$G(\nabla t_{\mathrm{D}})=\frac{4}{\pi}\left[g(\Delta t_{\mathrm{D}})-\frac{4}{3}\right] \tag{4.1}$$

$$g(\Delta t_{\mathrm{D}})=\frac{4}{3}\left[(1+\Delta t_{\mathrm{D}})^{1.5}-\Delta t_{\mathrm{D}}^{1.5}\right] \tag{4.2}$$

$$\Delta t_{\mathrm{D}}=\frac{t-t_{\mathrm{p}}}{t_{\mathrm{p}}} \tag{4.3}$$

式中：G 为 G 函数；Δt_{D} 为无量纲时间；g 为中间变量；t_{p} 为注入结束的时间。当滤失系数恒定时，压力对 G 函数呈线性关系。偏离该直线表明流动状态的变化。Nolte（1986）将此定为闭合时间，从中可确定裂缝闭合压力 p_{c}。基于闭合时间，可以确定流体效率 η，其定义为在裂缝闭合时裂缝中剩余的流体量，并基于总注入体积进行归一化：

$$\eta = \frac{G_c}{2 + G_c} \tag{4.4}$$

式中：η 为流体效率；G_c 为闭合时的 G 函数。这与裂缝几何形状无关，并且是水力压裂设计中的关键参数，因为它将直接影响压裂液的体积。行业中使用的另一个图版是平方根时间图版，其中是基于压力 p 对$\sqrt{t}$的关系进行绘制的图版。它是基于线性流动概念形成的经验图版，与试井分析中的相应图版类似。然而，因为裂缝中各点压裂液的滤失开始时间是不同的，所以 G 函数是严格的，而$\sqrt{t}$不是。

实际上，从 G 函数图中选择闭合时间已经被证明是有问题的。大量的井表现出压力依赖滤失行为（PDL）或呈现其他非线性特征，这使得 Nolte（1986）的基本假设无效。因此，与试井分析一样，通常存在多种解释。与 PDL 相关问题的方法和解决方案始于 Castillo（1987）和 Mukherjee 等（1991）。Barree 和 Mukherjee（1996）建立了一个诊断图版，它被称为 G 函数组合图版，包括在同一图上绘制三个量的 p，$\frac{dp}{dG}$和 $G\frac{dp}{dG}$与 G 函数的关系。G 函数组合图版等同于 PTA 中的双对数导数曲线图版，可用于识别流态并选择 p_c。

在 G 函数组合图版中，G 函数半对数导数 $G\frac{dp}{dG}$的特征段是通过原点（G 函数和导数均为零）的直线（Barree，1998）。压力半对数导数与 G 函数曲线的切线必须通过原点。裂缝闭合通过压力的半对数导数相对于 G 函数的曲线偏离过原点的直线来识别的。在正常滤失的情况下，裂缝表面积及渗透率恒定的情况下，一阶导数（$\frac{dp}{dG}$）也应该是恒定的（Castillo，1987）。初始的 p 与 G 的关系呈线性（Nolte，1979）。

裂缝闭合压力的确定也可以通过平方根时间图版完成。在裂缝闭合期间，p 与$\sqrt{t}$曲线，与 G 函数图版一样，呈直线状。裂缝闭合时刻是 p 对$\sqrt{t}$图版中曲线的拐点。然而，很难捕捉到拐点，因此找到拐点的最佳方法是绘制压力一阶导数与$\sqrt{t}$的关系，并找出导数的最大振幅点。

Barree 等（2009）还发现，对于恒定基质滤失情况或 PDL 情况，渗透率与裂缝闭合时的 G_c 相关式为：

$$K = \frac{0.0086\mu_f\sqrt{0.01p_z}}{\phi c_t\left(\frac{G_c E r_p}{0.038}\right)^{1.96}} \tag{4.5}$$

式中：μ_f 为小型压裂液黏度，cP；p_z 为裂缝扩展净压力，$p_z = p_{ISI} - p_c$（psi）；E 为杨氏模量，10^3psi；r_p 为储存比（无量纲）；c_t 为综合压缩系数。压裂液黏度 μ_f 通常设定为 1.0。储存比 r_p 表示当裂缝几何形状偏离通常假设的恒定高度平面裂缝时需要滤失多少过量流体以达到裂缝闭合。对于恒定基质滤失和 PDL 情况，它是 1.0。当其他所有数据缺失时，基于该渗透率相关式可以进行压裂设计工作。

4.2.2　裂缝闭合后

在裂缝闭合后，非稳态压力响应主要由储层内线性或径向流动主导，不依赖于其对张开裂缝的力学响应。这种晚期压力衰减能很好地表征储层压力动态行为，可用于估算储层压力和渗透率。闭合后压力响应类似于在常规试井分析观察到的压力响应行为，故可用类似于常规试井分析技术对该阶段压力响应行为进行评价及解释。

Gu 等（1993）提出使用脉冲压裂测试确定储层渗透率。他们通过将裂缝滤失表征为瞬时线源的分布，推导出裂缝闭合后的小型压裂的解。Nolte 等（1997）和 Talley 等（1999）建立了几种方法用于解释压裂校准试验、裂缝闭合后流动状态及储层参数。他们将裂缝闭合后分为两种特殊情况建立了相应的图版：第一种情况假设裂缝闭合后为线性流动；第二种情况是裂缝闭合后为径向流动。对于线性流，相应的方程是：

$$p(t)-p_i=m_L F_L(t,\ t_c) \tag{4.6}$$

$$m_L=C_L\sqrt{\frac{\pi\mu}{K\phi c}} \tag{4.7}$$

$$F_L(t,\ t_c)=\frac{2}{\pi}\sin^{-1}\left(\frac{t_c}{t}\right)\qquad (t>t_c) \tag{4.8}$$

式中：m_L 为裂缝闭合后分析图版中线性流动的斜率；F_L 为裂缝闭合后线性时间函数的 Nolte 导数；t_c 为闭合时间；C_L 为综合滤失系数；c 为综合压缩系数。在这些关系式中，μ 是指储层远端流体黏度。对于径向流动，他们给出了以下流动方程：

$$p(t)-p_i=m_R F_R(t,t_c) \tag{4.9}$$

$$m_R=251000\left(\frac{\mu V_{inj}}{Kht_c}\right) \tag{4.10}$$

$$F_R(t,\ t_c)=\frac{1}{4}\left(1+\frac{16}{\pi^2}\frac{t}{t-t_c}\right)\qquad (t>t_c) \tag{4.11}$$

式中：m_R 为裂缝闭合分析图版中径向流动的斜率；F_R 为裂缝闭合后径向时间函数的 Nolte 导数；V_{inj} 为注入体积。

Benelkadi 和 Tiab（2004）提出了通过闭合后径向分析改进渗透率的估测方法。所提出的方法基于压力对径向时间的导数，该方法不受储层压力值的影响。该方法简单易行，因为它只需要一个双对数图版来识别径向流态并确定储层参数。基于 Gu 等（1993）和 Nolte（1997）提出的关系式，给出了如下改进的方法：

$$\lg(\Delta p)=\lg(F_R)+\lg(m_R) \tag{4.12}$$

$$\lg\left[\frac{d(\Delta p)}{dF_R}\right]=\lg(m_R) \tag{4.13}$$

其中

$$\Delta p=p(t)-p_i$$

式（4.12）表明径向流动的特征是斜率为 1 的直线，其在 Δp 轴的截距为 m_R（$F_R=1$）。

基于式（4.13）结合压力导数曲线，径向流动的特征是一条水平线，其在$\frac{d(\Delta p)}{dR_R}$轴的截距为m_R。因此，储层渗透率由m_R确定。在双对数图版中，只有斜率为1的直线穿过水平线交于Δp轴上的点m_R。因此，为了确定储层压力，储层压力的估测值是变化的，直到压差曲线与所绘制的斜率为1的直线重合。

Soliman等（2005）叠加拉普拉斯空间中恒定流量的解，并对晚期段进行了近似处理，以获得双线性、线性和径向流的脉冲方程。Craig和Blasingame（2006）提出了一种解析模型，用于表征裂缝生长、滤失、闭合及闭合后等物理过程。对他们提出的模型晚期段进行近似处理得到的脉冲方程与Soliman等（2005）提出的解类似。双线性、线性和径向流控制方程为：

$$p(t)-p_i=264.6\frac{V_{inj}}{h}\mu^{\frac{3}{4}}\left(\frac{1}{\phi c_t K}\right)^{\frac{1}{4}}\frac{1}{K_f w_f}\left(\frac{1}{t_{inj}+\Delta t}\right)^{\frac{3}{4}} \tag{4.14}$$

$$p(t)-p_i=48.77\frac{V_{inj}}{h}\sqrt{\frac{\mu}{\phi c_t K x_f^2}}\left(\frac{1}{t_{inj}+\Delta t}\right)^{\frac{1}{2}} \tag{4.15}$$

$$p(t)-p_i=1694.4\frac{V_{inj}\mu}{Kh}\frac{1}{t_{inj}+\Delta t} \tag{4.16}$$

式中：K_f为裂缝渗透率；w_f为裂缝宽度；t_{inj}为注入时间；x_f为裂缝半长。如果为径向流态，则可以用式（4.16）直接计算渗透率。如果为线性流态，则式（4.15）的斜率是渗透率和水力裂缝半长的函数。基于径向流动方程得到的渗透率可用于计算水力裂缝半长。在双线性流动中，式（4.14）给出方程的斜率是渗透率和裂缝导流能力的函数。在这种情况下，如果从径向流动获得渗透率，从而可以确定裂缝导流能力。

4.2.3　小型压裂测试示例

基于前面提到的理论，本小节结合多个图版综合介绍了小型压裂试验的具体过程。Barree（1998）和Barree等（2009）提出了一种利用G函数图版、关井时间的平方根、双对数压力导数和闭合分析后的Nolte等的综合方法。通过这些方法，并结合其他相关技术来确保对裂缝闭合过程解释的一致性。

致密气藏气井A的小型压裂测试数据进行分析。图4.2至图4.11展示了小型压裂测试的结果。在裂缝闭合分析之前，为了确保裂缝闭合解释结果的一致性，将使用三种技术：G函数、关井时间的平方根和双对数压力导数。所有这些分析都是从瞬时关井压力（p_{ISI}）开始。p_{ISI}被视为裂缝早期扩展压力。它被定义为最终注入压力减去由于井筒中的摩擦和割缝衬管的射孔引起的压降。

图4.2展示了气井A的G函数图版。基于$G\frac{dp}{dG}$数据，通过过原点的直线特征段表明其恒定的滤失行为。在偏离直线的时刻选取闭合时间。在这种情况下，裂缝闭合压力p_c为4148psi，裂缝闭合时间t_c为153.63min，闭合时G函数G_c为7。这些裂缝闭合值可通过平方根时间图版确定（图4.3）。在图4.3中，裂缝闭合的特征点是一阶压力导数与$\sqrt{t}$的曲线关系中的最大点。压力导数对$\sqrt{t}$曲线的半对数版图上偏离过原点的直线的时刻亦表明裂缝闭

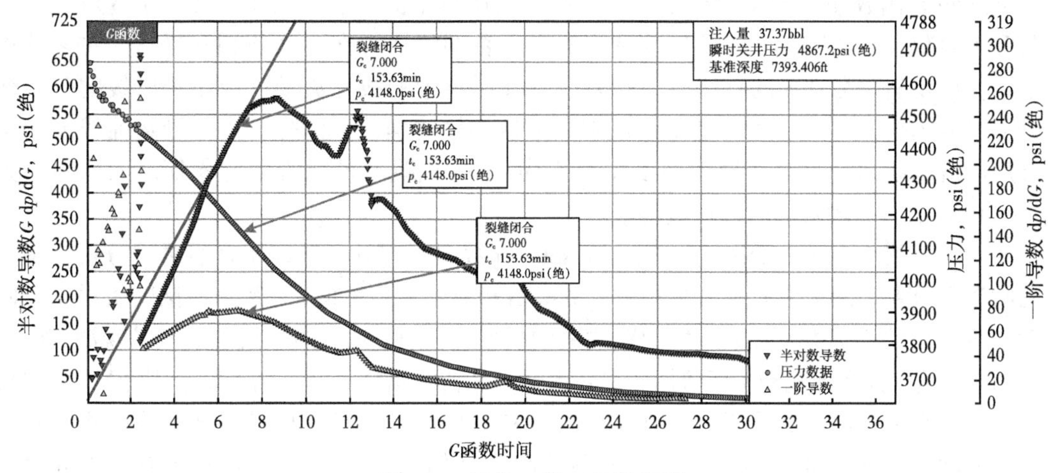

图 4.2　气井 A 的 G 函数图版

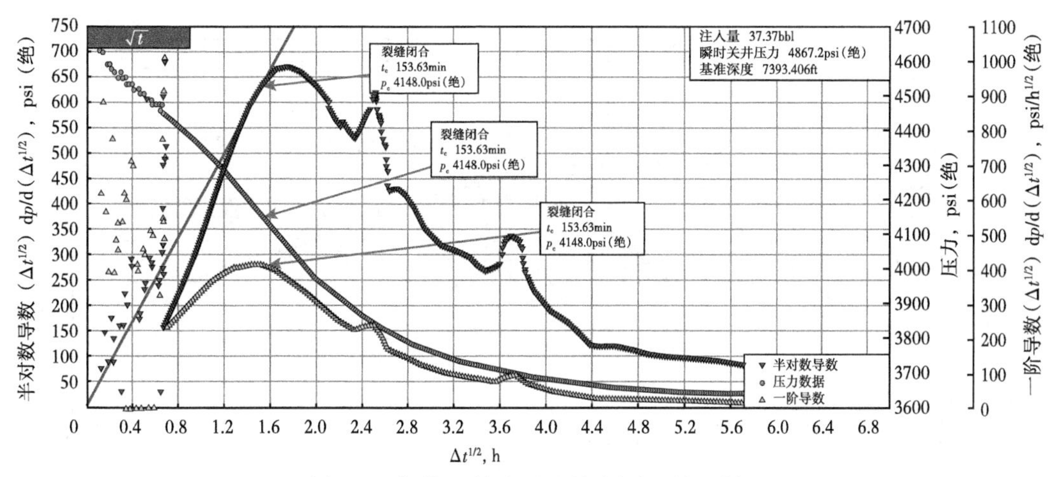

图 4.3　气井 A 的小型压裂平方根时间图版

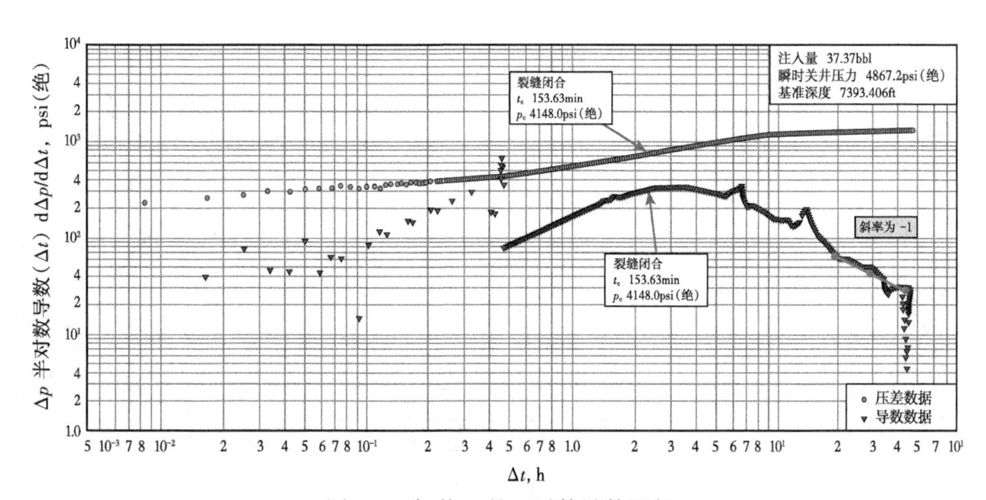

图 4.4　气井 A 的双对数导数图版

合。从这些 G 函数和平方根时间图版中，可以确认单个闭合点。图 4.4 展示了双对数压差图版和半对数导数图版。双对数压差和半对数导数曲线通常在闭合前相互平行。在多数情况下，会出现斜率为 0.5 的直线段，其表明张开裂缝中的线性流动。两条平行线的分离标志着裂缝的闭合，并且是对裂缝闭合识别一致性的最终确认。此外，压力导数曲线展示了闭合后的流动状态。半对数导数曲线中斜率为-1 的直线是径向流动的象征。如果斜率为-0.5，则表示裂缝闭合后的线性流动。

图 4.5 至图 4.7 展示了裂缝闭合后的 Nolte 导数图版。对于裂缝闭合后进行分析，确定流动状态很重要。图 4.5 显示了半对数压力导数相对于 F_R 的曲线关系。在该图版中，径向流动和线性流动状态由半对数压力导数曲线中斜率为-1 和-0.5 的直线确定。从观测到的径向流动段，笛卡儿径向流动图版可用于确定渗透率和初始储层压力（图 4.6）。基于式（4.9），计算得到渗透率和初始储层压力为 0.04560mD 和 3601psi。基于相同的方式，使用式（4.6）和径向流动方程中得到的渗透率，滤失系数和初始储层压力分别为 4.33×10^{-3} ft/min$^{1/2}$ 和 3437psi（图 4.7）。

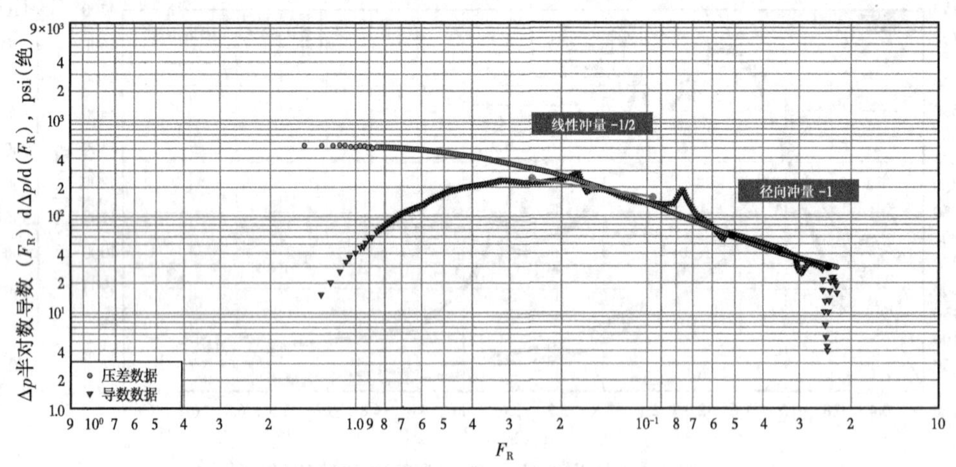

图 4.5　气井 A 的 Nolte 导数图版

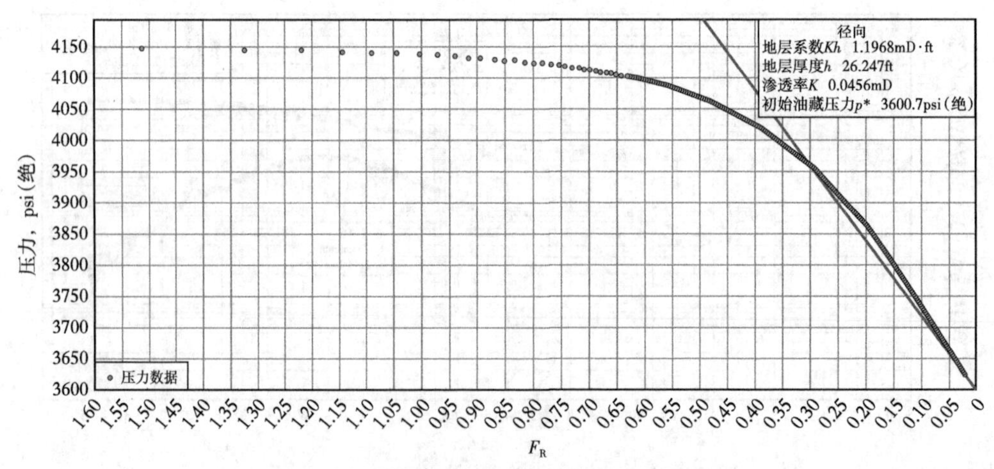

图 4.6　气井 A 的小型压裂 Nolte 径向流动图版

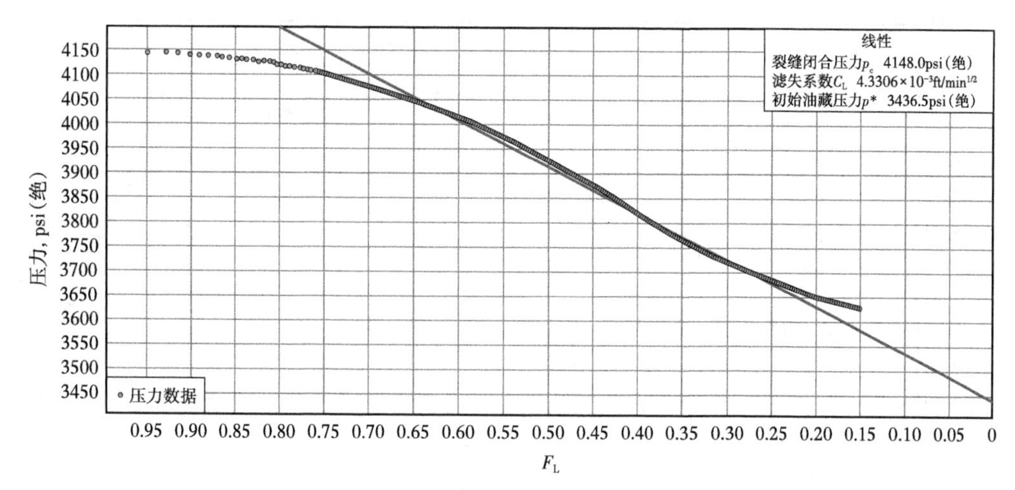

图 4.7　气井 A 的小型压裂 Nolte 线性流图版

图 4.8 至图 4.10 展示了裂缝闭合后 Soliman-Craig 分析图版。尽管该方法基于不同的图版和方程，但该方法与裂缝闭合后的 Nolte 分析方法类似。根据半对数压力导数的曲线，径向流动和线性流动状态通过斜率为 0 和 0.5 的直线来确定（图 4.8）。基于径向流态得到渗透率和初始储层压力分别为 0.04262mD 和 3598psi（图 4.9）。这些值与裂缝闭合 Nolte 分析得到的结果相近。从线性流动段，计算得到初始储层压力为 3334 psi（图 4.10）。在此期间，如果从径向流动确定了渗透率，则可以计算裂缝半长。在这种情况下，裂缝半长为 11.9ft。

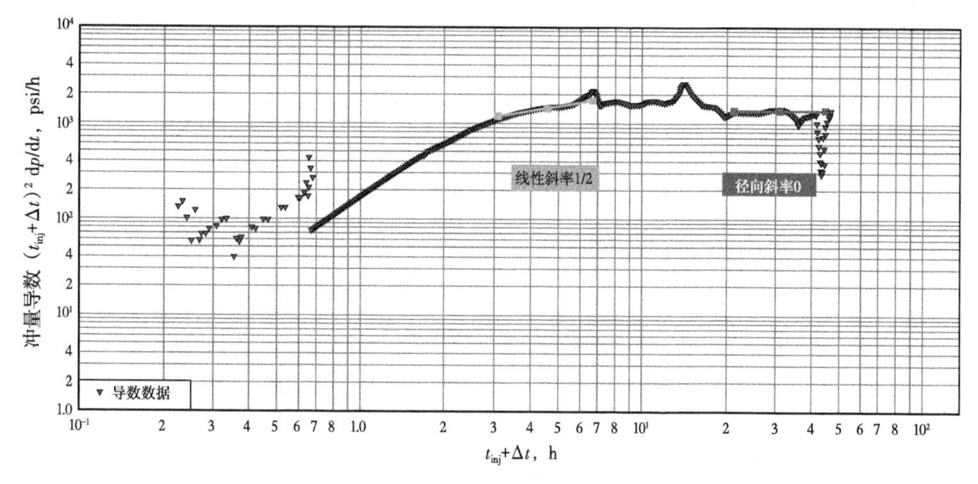

图 4.8　气井 A 的 Soliman 导数图版

图 4.11 展示了裂缝闭合后 Benelkadi 和 Tiab（2004）的分析方法。渗透率可以从压力导数的水平线确定为 0.04865mD。通过拟合压差的单位斜率线与压力导数的水平线的截距，可以确定初始储层压力。基于该方法，初始储层压力为 3603psi。表 4.1 给出了不同方法的裂缝闭合后的分析结果。在径向流动和线性流动状态下分别给出了估算的初始压力。结果显示各种方法在裂缝闭合后的分析具有一致性。

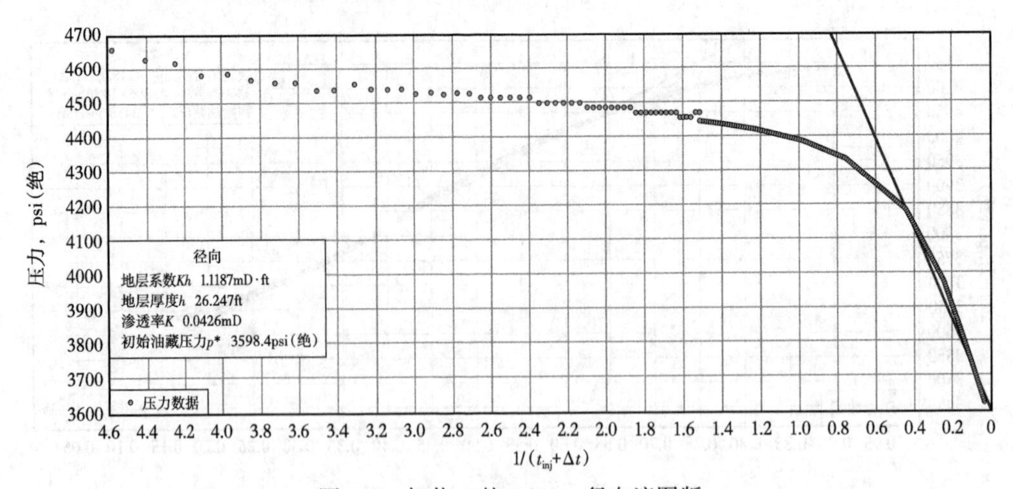

图 4.9 气井 A 的 Soliman 径向流图版

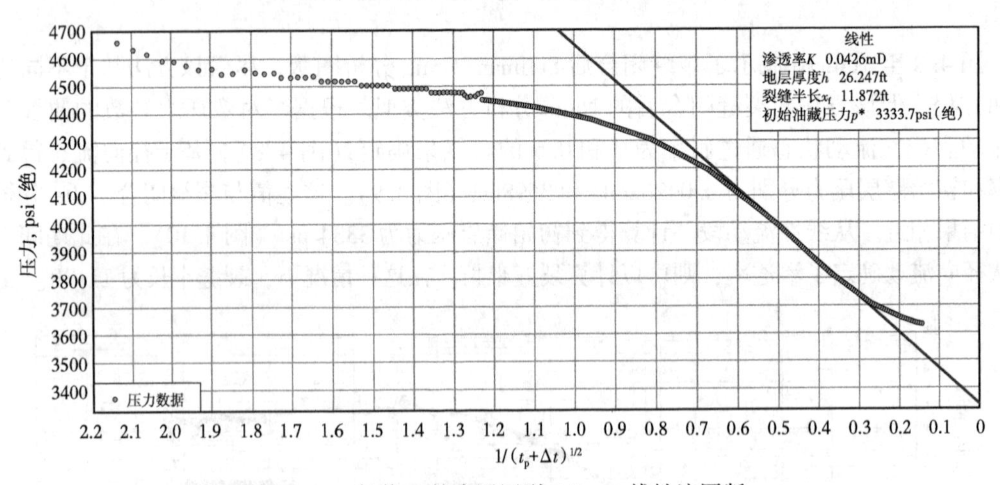

图 4.10 气井 A 的小型压裂 Soliman 线性流图版

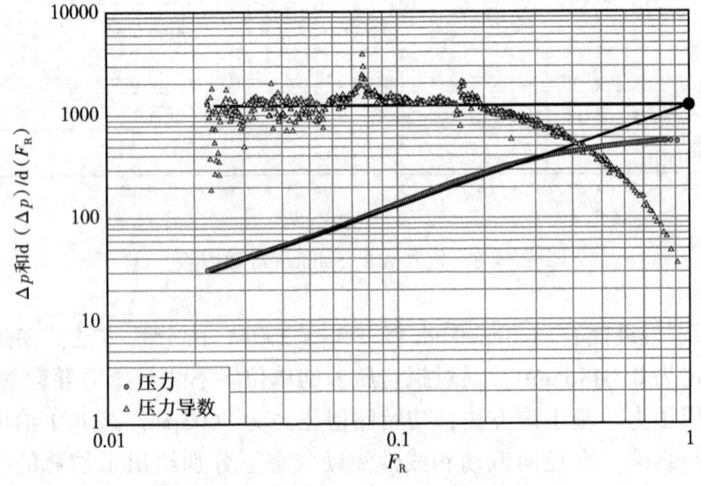

图 4.11 气井 A 的 Benelkadi 径向流图版

表 4.1 使用小型压裂测试估算储层渗透率和初始压力的结果

参数	Nolte	Soliman-Craig	Benelkadi 和 Tiab
渗透率，mD	0.04560	0.04262	0.04865
压力（径向流），psi	3601	3598	3603
压力（线性流），psi	3437	3334	

4.3 递减曲线分析

递减曲线分析（DCA）是用于预测常规油藏产能的最常用技术之一。过去的 10 年，DCA 也被用于预测非常规油藏的单井产能。然而，DCA 在非常规油藏产能预测中的应用存在一些问题。首先必须认识到关于非常规储层产能递减分析技术，没有任何一个简化的时间—产量模型可以准确有效地考虑所有要素。从历史角度来看，使用 Arps 指数和双曲线关系的递减分析和产量预测已成为石油工程领域评估最终采收率（EUR）的标准（Houze 等，2015）。然而，在页岩气、致密油/页岩油等非常规油气藏中，由于相关假设的局限性，这些模型给出的结果往往误差较大。构成传统递减分析的主要假设可归纳为：

（1）在生产期间，井的运行条件和油田开发没有发生重大变化。

（2）该井以恒定的井底流动压力在生产。

（3）存在以边界为主导的流动状态并且储层衰竭式开发已建立。

在超低渗透油藏系统中，通常会观察到其违反了传统递减分析模型的相关基本假设。因此，误用 Arps 模型拟合生产数据常常导致过高的储量估测，特别是当 b 指数大于 1 时使用双曲线关系进行预测时。为了防止过高估算最终采收率，双曲关系式在晚期时可能需要耦合指数递减关系式。然而，这种方法仍然是经验性的，并且在大多数用户手中可能是“存在多解性”，产生了大量不同的储量估算值。

Arps 关系的问题导致众多研究人员提出了各种产量递减关系：幂律指数模型（Ilk 等，2008）、延伸指数模型（Valko，2009）、Duong 模型（Duong，2011）和对数增长模型（Clark 等，2011），试图表征在非常规储层中观察到的时间—产量行为。具体而言，这些关系侧重于表征早期非稳态和过渡态流动行为。它们基于对某些区块生产特征的经验性观察。它们都不足以用于预测所有非常规储层。换句话说，一个等式可能适用于一个区块，但在另一个区块中适应性较差。因此，了解每个方程所表征的物理意义，并将这些关系适当地应用于生产预测是很重要的。

4.3.1 Arps 方程

Arps 的双曲线关系（1945）在 DCA 中被广泛用于生产预测和储量估算。Arps 关系是经验性的。Johnson 和 Bollens（1927）以及后来的 Arps（1945）提出了递减参数，损失率和损失率函数的导数：

$$D(t) \equiv -\frac{1}{q(t)}\frac{\mathrm{d}q(t)}{\mathrm{d}t} \tag{4.17}$$

$$\frac{1}{D(t)} \equiv -\frac{q(t)}{\frac{\mathrm{d}q(t)}{\mathrm{d}t}} \tag{4.18}$$

$$b(t) \equiv \frac{\mathrm{d}}{\mathrm{d}t}\left[\frac{1}{D(t)}\right] \equiv -\frac{\mathrm{d}}{\mathrm{d}t}\left[\frac{q(t)}{\frac{\mathrm{d}q(t)}{\mathrm{d}t}}\right] \tag{4.19}$$

式（4.17）和式（4.18）是基于观察的经验性关系式。对于 D 为常数的情况，式（4.17）导出的指数递减规律可用于封闭油藏内定井底压力生产可压缩性流体的拟稳态阶段或边界支配阶段。指数递减关系为：

$$q(t) = q_{\mathrm{i}}\exp(-D_{\mathrm{i}}t) \tag{4.20}$$

其中 D_{i} 是 Arps 双曲线模型初始递减率。Ilk 等（2008）使用累计产量数据提供了计算参数 D 和 b 的替代方法。参数 D 的计算公式为：

$$D(t) \equiv -\frac{\mathrm{d}q(t)}{\mathrm{d}Q(t)} \tag{4.21}$$

参数 b 由式（4.22）给出：

$$b(t) \equiv q\frac{\mathrm{d}}{\mathrm{d}Q(t)}\left[\frac{1}{D(t)}\right] \tag{4.22}$$

Blasingame 和 Rushing（2005）提供了完整的关于“双曲线”递减关系推导的细节。他们定义双曲关系式中的参数 D 并给出如下关系式：

$$D(t) \equiv \frac{1}{\frac{1}{D_{\mathrm{i}}} + bt} \tag{4.23}$$

基于式（4.23）推导（Blasingame 和 Rushing，2005），双曲递减关系为：

$$q(t) = \frac{q_{\mathrm{i}}}{(1 + bD_{\mathrm{i}}t)^{\frac{1}{b}}} \tag{4.24}$$

可以通过观察参数 D 和 b 来推断指数关系或双曲线关系。恒定的参数 D 表示指数下降。参数 b 为常数时表示双曲线下降。出于拟合目的，用户应首先从 b 参数图版调整 b，然后基于模型拟合 D 参数。可以调整初始产量（q_{i}）以完成拟合并预测生产。如果用户识别出 b 值的多个恒定趋势，则可以使用分段双曲线进行拟合预测。

最后，值得注意的是，Arps 双曲线关系在非常规油藏中的广泛应用包括后期的基于指数递减的修正，以防止高估储量，因为当 b 值大于 1 时双曲线方程是无界的（即 b 值大于 1 的瞬态流量假设）。一旦达到某个年递减值时，双曲线递减需转变为指数递减。这个年度递减值由分析师设定，称为“终端递减”值。该协议触发“修改的”双曲线指示。图 4.12 展示了 Marcellus 页岩中应用 Arps 递减曲线就单井进行递减分析的示例。

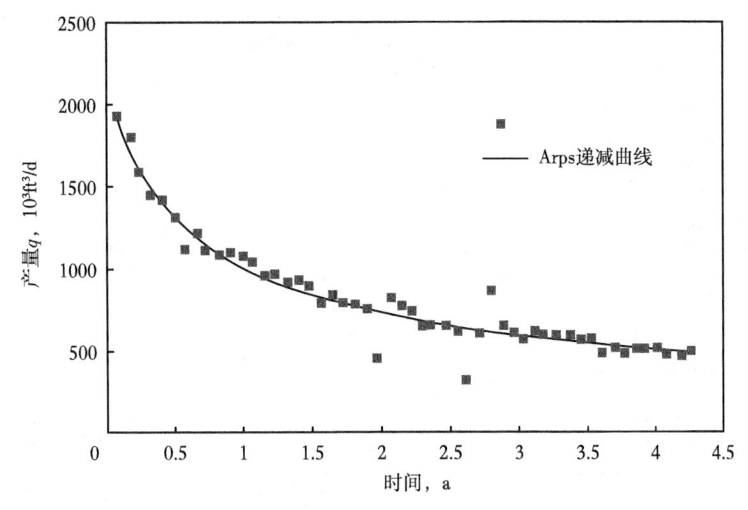

图 4.12 Marcellus 页岩中 Arps 产量与时间递减曲线（据 Nelson 等，2014）

4.3.2 幂律指数模型

基于大量参数 D 和 b 的观测数据，幂律指数关系由 Ilk 等（2008）推导得到。其主要假设是参数 D 在双对数图版上表现出线性关系，其本质上对应于幂律模型。如果参数 D 的表达式近似于幂律模型，则得到的差分方程导出如下幂律指数关系：

$$D = D_{\infty} + D_1 t^{-(1-n)} \tag{4.25}$$

式中：n 为指数；D_{∞} 为无穷时间下的递减参数（$t=\infty$），D_1 为递减参数在 1 天时的截距（$t=1$）。通过引入约束变量（D_{∞}），与双曲关系相比，损失率可以通过具有在较长时间稳定响应的衰减幂律函数来近似得到。该变量将幂律指数方程转换为具有平滑过渡的指数递减。然而，在大多数非常规储层中的应用不需要 D_{∞}，因为没有观察到参数 D 恒定的趋势，并且幂律指数关系的性质是守恒的，因为它模拟了参数 b 随着时间推移的递减趋势。幂律指数关系是通过将式（4.25）代入式（4.17）而得到，其形式为：

$$q(t) = \hat{q}_i \exp(-\hat{D}_i t^n - D_{\infty} t) \tag{4.26}$$

幂律指数关系的应用集中在参数 D 和时间图版的使用上。一旦识别出直线，基于斜率和截距值，获得参数 $\hat{D}_i$ 和 n 的取值。调整参数 $\hat{q}_i$ 以实现产量—时间图版上的拟合。

图 4.13 展示了双曲线和幂律指数模型的示意图（Ilk 等，2008）。在图 4.13 中，对于双曲线关系，参数 D 在早期具有近似于恒定的响应行为，晚期呈现出具有单位斜率，幂律衰减的趋势。可以预期，对于“幂律损失率”关系，参数 D 表现出从瞬态到过渡流态的幂律衰减行为，然后在较长的时间内缓慢地趋近恒定值（即 D_{∞}）。

4.3.3 拉伸指数生产递减模型

拉伸指数关系基本上与没有约束变量（D_{∞}）的幂律指数关系相同。在石油工程之外，拉伸指数关系具有许多应用，例如在物理学中就有许多过程表现出了这种行为。在地球物理学中，拉伸指数函数用于模拟余震衰减速率。

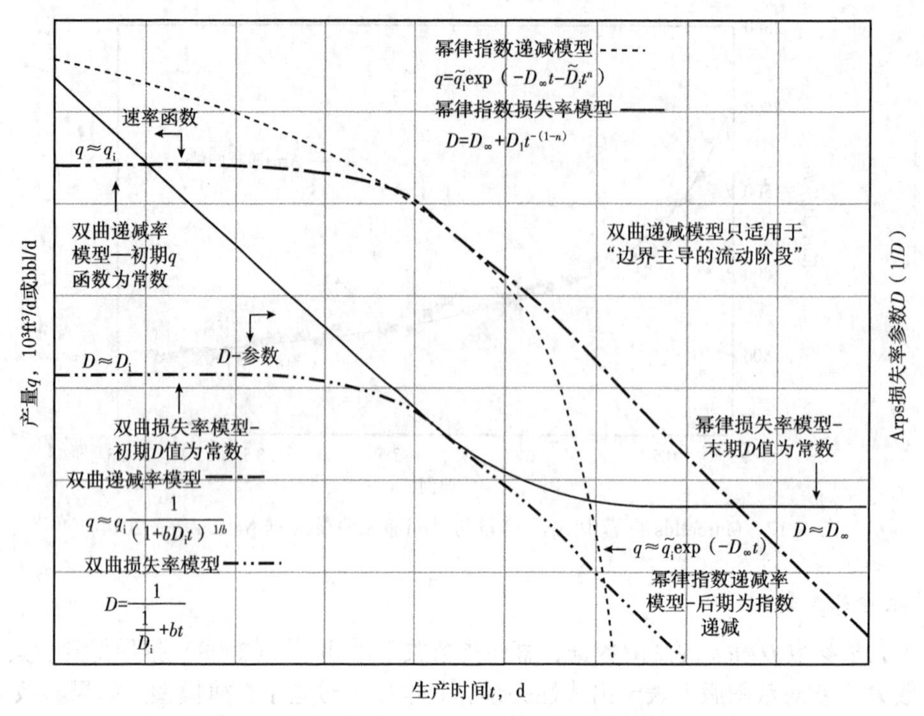

图 4.13　双曲模型和幂律指数模型的递减速率和损失率曲线（据 Ilk 等，2008）

通常，拉伸指数函数用于表示随机无序、混乱、非均质系统中的衰变。可以认为，拉伸指数衰减是不同时间常数的指数衰减叠加而成。这就解释了非均质性，其中非常规油藏系统中的产量下降是由大量有贡献的个体体积决定的，这些体积表现出具有特定时间常数分布的指数衰变。作为 Arps 的原始递减曲线模型，拉伸指数模型是完全经验性质的模型。然而，与 Arps 的方法相比，该模型是基于微分方程。模型的微分方程和拉伸指数函数分别为（Valko，2009；Valko 和 Lee，2010）：

$$\frac{\mathrm{d}q(t)}{\mathrm{d}t}=-n\left(\frac{t}{\tau_{\mathrm{SEPD}}}\right)^n\frac{q}{t} \tag{4.27}$$

$$q(t)=\hat{q}_{\mathrm{i}}\exp\left[-\left(\frac{t}{\tau_{\mathrm{SEPD}}}\right)^n\right] \tag{4.28}$$

其中τ_{SEPD}是特征时间参数（简单来说类比于半衰期）。尽管 Valko（2009）最初没有尝试建立“产量—时间”分析关系，但他利用式（4.28）给出的形式作为评估生产数据的手段。拉伸的指数关系可以以与幂律指数关系相同的方式，使用诊断图或者依据 Valko（2009）提出的流程进行应用。图 4.14 展示了拉伸指数产能递减模型在特定领域中的应用。

4.3.4　Duong 模型

来自页岩储层的大部分生产数据表现出以裂缝主导的流动状态，很少达到晚期流动状态。这表明传统的产能递减方法不适用于页岩储层。Duong（2011）提出了新的产能递减方法，其中裂缝流动占主导地位，基质贡献可忽略不计。

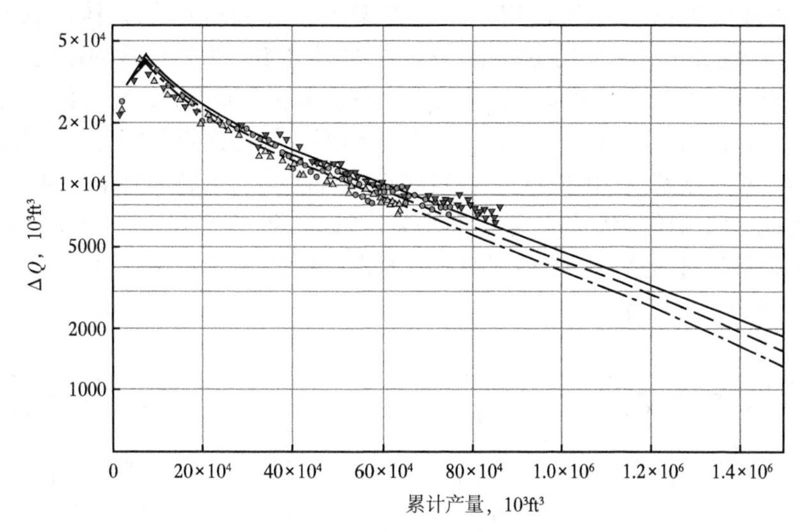

图 4.14　生产井平均化后的递减曲线拟合（据 Valko 和 Lee，2010）

如果裂缝主导的流动状态延长至生产井寿命全周期，则气体产量 q 将为：

$$q(t)=q_1t^{-n} \tag{4.29}$$

式中：q_1 为第 1 天的产量；n 为指数，n 取值 1/2 时是线性流，n 取值 1/4 时是双线性流。气体累计产量 G_p 将为：

$$G_p(t)=\int_0^t q\mathrm{d}t=q_1\frac{t^{1-n}}{1-n} \tag{4.30}$$

基于式（4.29）和式（4.30）得到：

$$\frac{q(t)}{G_p(t)}=\frac{1-n}{t} \tag{4.31}$$

在理想假设下，不论裂缝类型，对于产量与累计产量的比值与时间的双对数图版将产生具有单位斜率的直线。在实际应用中，由于实际的现场操作、数据近似和流态变化的影响，通常观察到大于 1 的斜率。对于来自现场数据的产量与累计产量的比值与时间的双对数图版给出了具有负斜率 $-m_{\mathrm{Dng}}$ 和截距为 a_{Dng} 的直线：

$$\frac{q(t)}{G_p(t)}=a_{\mathrm{Dng}}t^{-m_{\mathrm{Dng}}} \tag{4.32}$$

基于上面的等式，Duong 推导了 q 和 G_p 的方程式：

$$q(t)=q_1t^{-m_{\mathrm{Dng}}}\exp\left[\frac{a_{\mathrm{Dng}}}{1-m_{\mathrm{Dng}}}(t^{-1-m_{\mathrm{Dng}}}-1)\right]=t(a_{\mathrm{Dng}},\ m_{\mathrm{Dng}}) \tag{4.33}$$

$$G_p(t)=\frac{q_1}{a_{\mathrm{Dng}}}\exp\left[\frac{a_{\mathrm{Dng}}}{1-m_{\mathrm{Dng}}}(t^{1-m_{\mathrm{Dng}}}-1)\right] \tag{4.34}$$

Duong（2011）提出了如何使用 Duong 模型进行递减分析的具体步骤和程序（图 4.15）。首先，绘制并检查生产历史数据。然后，构建产量与累计产量的比值与时间的双对数图版，并结合式（4.32）以确定 m_{Dng} 和 a_{Dng}。在确定这些值之后，将气体产量对 t（a_{Dng}，m_{Dng}）作图，并结合式（4.33）以得到 q_1。其他模型，如幂律指数模型、拉伸指数模型和对数增长模型，可以解释后期的偏差。当对修正的双曲线关系施加终端递减时，这种偏差就会产生。因此，除非施加约束变量，否则基于 Duong 模型的 EUR 估计值将偏大。Duong 模型的线性流动假设可能适用于某些区块，但通常需要修改以处理流动状态的变化（如过渡流动、SRV 衰竭、干扰等）。

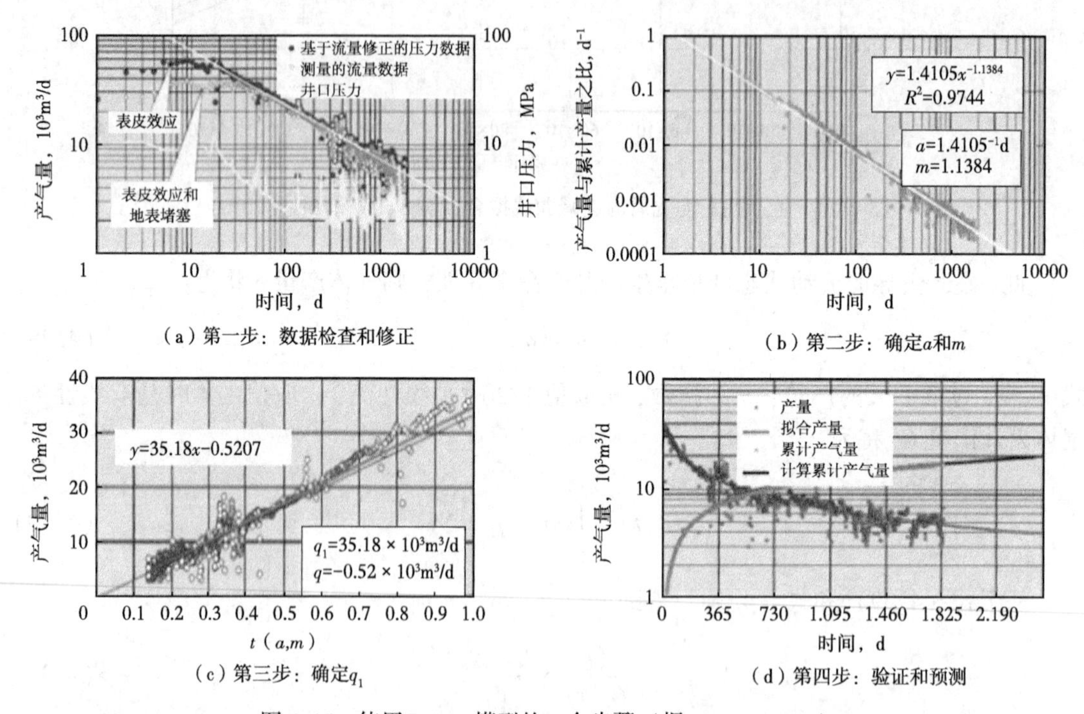

（a）第一步：数据检查和修正

（b）第二步：确定 a 和 m

（c）第三步：确定 q_1

（d）第四步：验证和预测

图 4.15　使用 Duong 模型的 4 个步骤（据 Duong，2011）

4.3.5　对数增长模型

对数增长曲线是一系列的数学模型，广泛应用于增长预测。从概念上来讲，对数增长模型假设增长变量增加然后稳定。对数增长模型具备一定承载能力，即增长变量增长到一定大小后趋于稳定从而终止增长。Clark 等（2011）利用对数增长模型预测非常规油气藏中井的累计产量。表征累计产量和产量的对数增长模型为：

$$G_{\mathrm{p}}(t)=\frac{Kt^{n_{\mathrm{LGM}}}}{a_{\mathrm{LGM}}+t^{n_{\mathrm{LGM}}}} \tag{4.35}$$

$$q(t)=\frac{\mathrm{d}G_{\mathrm{p}}(t)}{\mathrm{d}t}=\frac{Kn_{\mathrm{LGM}}a_{\mathrm{LGM}}t^{n_{\mathrm{LGM}}-1}}{\left(a_{\mathrm{LGM}}+t^{n_{\mathrm{LGM}}}\right)^2} \tag{4.36}$$

参数 K 是承载能力，被称为在没有任何经济限制的情况下的油气最终采收率，该参数包含于模型本身。累计产量接近 K 时流速趋于零。参数 n_{LGM} 控制递减，当 n_{LGM} 趋于 1 时，递减变得更急剧。参数 a_{LGM} 表征达到一半承载能力的时间。a_{LGM} 值越大表明生产越稳定，a_{LGM} 值越小表明递减曲线更陡峭。图 4.16 展示了 Bakken 页岩井的产量和累计产量与时间的关系，对数增长模型有效拟合了该数据。

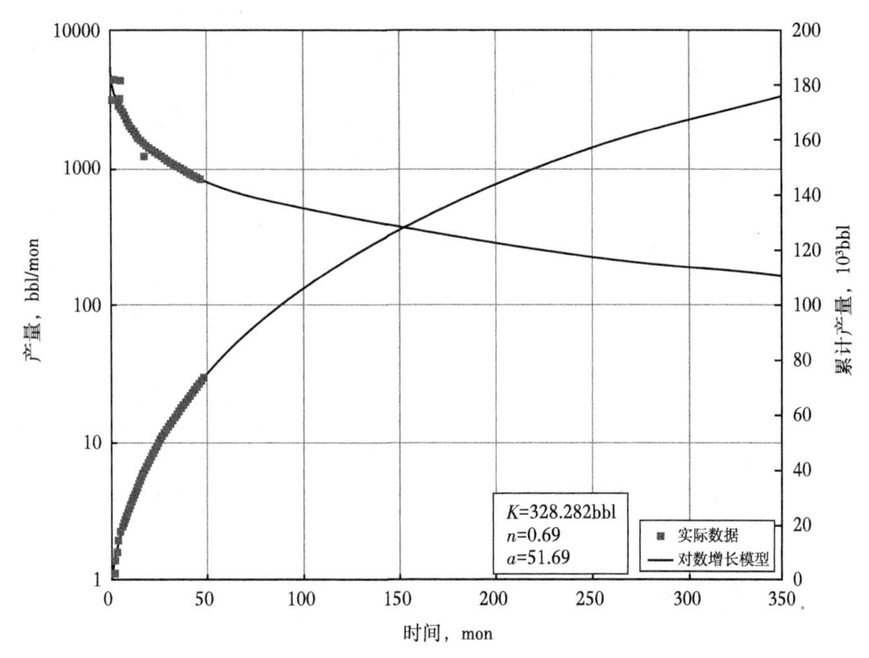

图 4.16　Bakken 页岩的实际生产数据与对数增长模型拟合效果良好（据 Clark 等，2011）

K—累计产量，n，a—系数

4.3.6　结论

递减分析是一种快速、有效但基于经验的方法，可以在某些假设下进行产能预测（Houze 等，2015）。所有方程可以在整个生产周期中进行使用并得到良好的拟合效果，同时基于每个模型估算相应的 EUR 值。然而，图 4.17 展示了包含所有递减曲线关系［Arps 模型、PLE（幂律指数模型），SEPD（拉伸指数递减模型）、Duong 模型和 LGM（对数增长模型）］拟合整个生产数据的结果，同时由于特定模型的响应行为导致晚期预测的不同。如前所述，除了类比之外，这些关系中没有一个与油藏工程理论有直接联系。此时，必须假设这些模型中的每一个都可以被认为是经验性的并且通常以特定流动状态和（或）特征数据行为为中心。应用递减曲线分析的一种有效方法是将所有方程应用于一起以获得一系列结果而不是单个 EUR 值。该预测范围可能与生产预测的不确定性相关，并且可以作为时间的函数来进行评估。

如果认为递减曲线关系可以接近或匹配基于模型（时间—压力—产气量）分析的结果，这将过于乐观。这些递减关系无法捕捉到非常规油藏中流体流动行为复杂性的所有要素，但这些要素可以通过解析或数值建模的方式进行有效表征。但是，平均趋势可用于近似预测油藏行为。某些流动状态可以用双曲线模型中的常数 b 进行近似处理。基于这些递减曲线，递减关系也可以用作代理模型来表征经济评价软件中基于模型分析（如时间—产气量—压力分析）的预测。

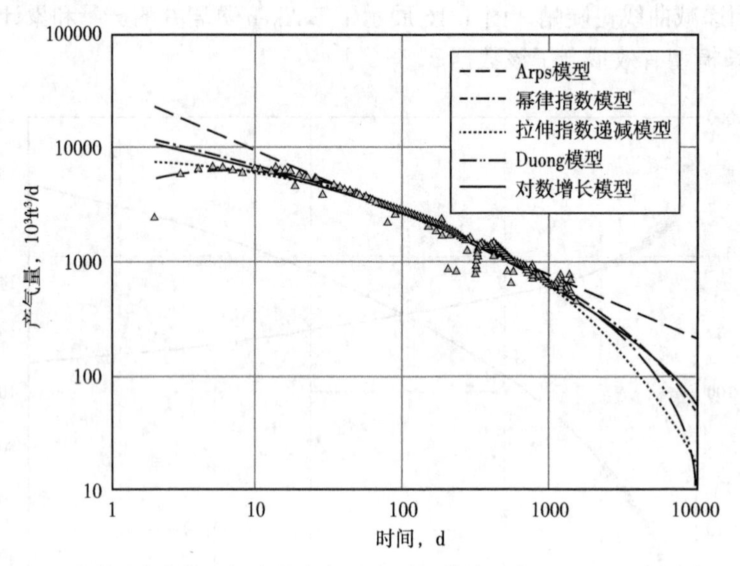

图 4.17 基于5种递减曲线模型拟合的产气量和时间曲线（据 Kanfar 和 Wattenbarger，2012）

4.4 不稳定产量分析

在传统的产能分析中，假设了恒定的井底流动压力、泄油面积、渗透率、表皮因子和边界主导流动。但这些假设在非常规油藏中大多数不再有效。因此，至关重要的是不仅要考虑产量，同时还要考虑压力和其他储层参数，以便能够正确评估非常规井并确定储层在线性非稳态流动阶段的真实流动能力（Belyadi 等，2015）。页岩储层的超低渗透基质提供了稳定长期的生产。用于分析生产数据的不稳定产量分析方法在文献中有详细的记载（Anderson，2010）。三种图版特别适用于致密和页岩气生产分析：平方根时间图版，流动物质平衡图版和双对数图版。正确使用这些图版能可靠识别数据中显示的主要流动状态以及估测储层性质，如$A\sqrt{K}$、表皮因子和烃类储集空间（HCPV）。基于这些信息，就可以构建合适的油藏模型来生成典型曲线并预测长期产量以估算储量。

4.4.1 平方根时间图版

平方根时间图版，$\frac{m(p_i)-m(p_{wf})}{q}$对$\sqrt{t}$，可能是表征页岩气井长期生产情况最重要的图版（图4.18）。这是因为压裂后的页岩气藏通常由线性流动支配。线性流在平方根时间图版上显示为一条直线，有：

$$\frac{m(p_i)-m(p_{wf})}{q}=n_{sqr}\sqrt{t} \tag{4.37}$$

其中m_{sqr}为平方根时间图版中线性流动周期内直线的斜率。在某些情况下，观察到的线性流动可能持续数年。假设观察到的线性流动是基质向裂缝非稳态供液的结果。这是一个合理的假设，但如果裂缝间距非常密集和（或）裂缝导流能力极低，则情况可能会不同。

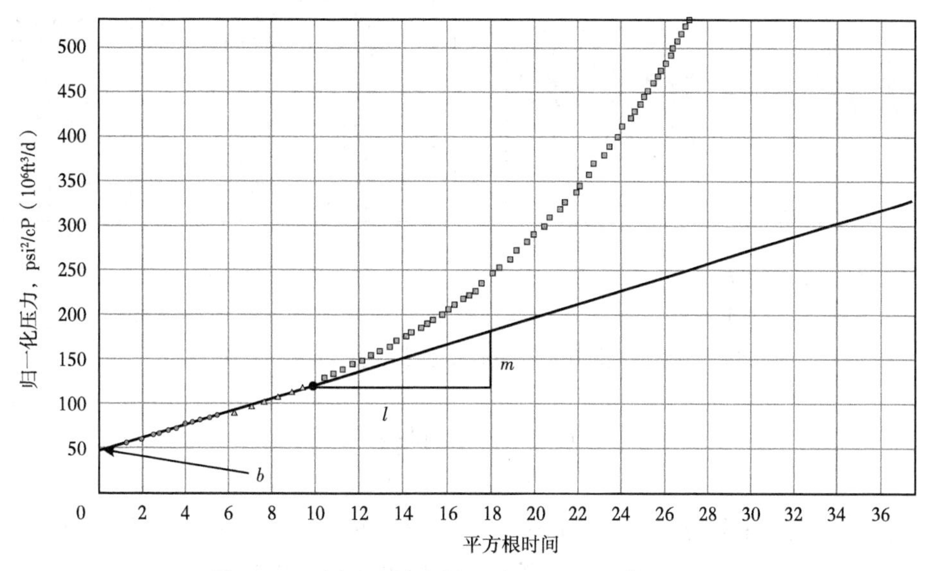

图 4.18　平方根时间图版（据 Anderson 等，2010）

从平方根时间曲线的斜率得到线性流动参数（LFP），它是流动面积和渗透率的平方根的乘积：

$$LFP = A\sqrt{K} = \frac{630.8T}{m_{\text{sqr}}} \frac{1}{\sqrt{(\phi\mu_g c_t)_i}} \tag{4.38}$$

其中 A 为基质向裂缝供液的总表面积的一半。在线性流动分析中，难以将流动面积与渗透率分离。在确定另一个之前，必须对其中一个进行独立估算。应该注意的是，式（4.38）是基于井底恒定流动压力的假设得出的。由于储层渗透率极低，许多页岩气井在高压降下可认为是恒定井底压力生产。

考虑一个长度为 x 的垂直裂缝，如图 4.19（a）所示。$A\sqrt{K}$中的 A 现在将被定义为裂缝长度 x 和有效厚度 h 的乘积。式（4.38）可用于计算渗透率（K），有：

$$K = \left(\frac{LFP}{xh}\right)^2 \tag{4.39}$$

具有等间距多个平行裂缝的水平井，如图 4.19（b）所示，则该区域成为所有单个裂缝区域的总和。

$$A = \sum yh = \frac{x}{L}yh = \frac{A_{\text{SRV}}}{L}h \tag{4.40}$$

式中：x 为水平井长度；y 为改造区域宽度；A_{SRV} 为 SRV 的面积；L 为裂缝间距。通过联立式（4.38）和式（4.40）获得以下等式：

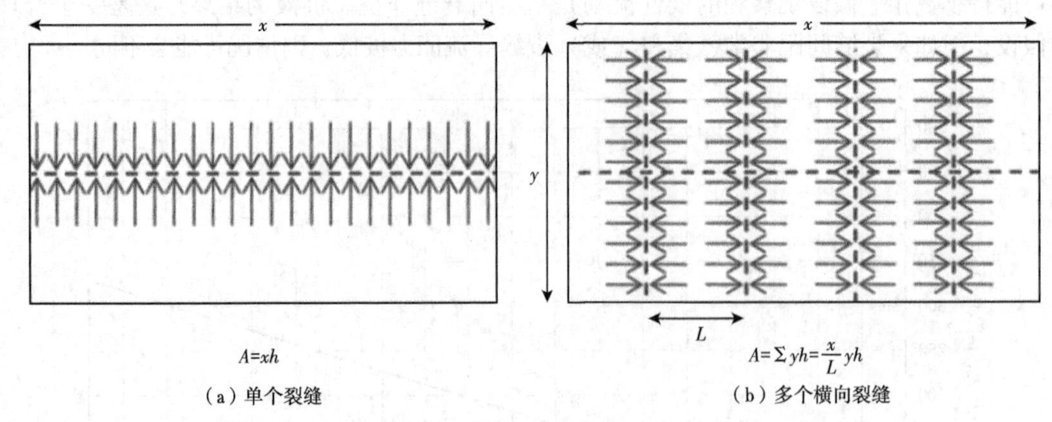

（a）单个裂缝　　（b）多个横向裂缝

图 4.19　裂缝性储层中线性流动示意图（据 Anderson 等，2010）

$$K = \left(\frac{LFP \times L}{xyh}\right)^2 = \left(\frac{LFP \times L}{A_{\mathrm{SRV}}h}\right)^2 \tag{4.41}$$

式（4.41）中有三个未知数：K（渗透率）、L（裂缝间距）和 y（改造区域宽度）。因此，其中两个未知数需要单独说明。如下一节所示，如果达到边界主导流动，则可以基于流动物质平衡（*FMB*）图版中解释 *SRV* 从而估测改造区域宽度。在没有边界主导流动的情况下，基于微地震（如果有相关数据）、井距或类比的方式对改造区域宽度进行估测。如前所述，页岩的渗透率范围为 1～100nD。因此，在选择合适的基质渗透率时，可以通过式（4.42）计算裂缝间距：

$$L = \frac{xyh\sqrt{K}}{LFP} \tag{4.42}$$

页岩储层中压裂气井存在基质向裂缝线性供液阶段，由于裂缝系统的有限导流能力导致的压力损失，即使井眼没有机械性表皮损伤，也可以观察到显著的表皮效应。这种表皮效应可能对井产能产生重大影响，因此是生产预测的重要参数。平方根时间图版上的 y 轴截距 b 表示恒定的压力损失，可以使用以下等式计算视表皮因子 S'：

$$S' = \frac{Kh}{1417T}b \tag{4.43}$$

4.4.2　流动物质平衡图版

在常规储层中看到的边界主导流动模式是由于压力非稳态扩散至四周的封闭边界而引起的。边界可以是诸如断层或尖灭等自然特征，或者是在多井开发储层中相邻井的泄油区域之间的边界。因为基质渗透率太低而压力无法波及至较大面积，所以在裂缝性页岩气储层中不太可能观察到这种边界主导流动机制（Anderson 等，2010）。然而，在一些页岩气生产数据中可以看到明显的边界主导流动。这不是真正的边界主导流动，而是由储层改造区域内的相邻裂缝之间的干扰导致的基质块的衰竭。图 4.20（b）展示了两种不同几何形状裂缝系统的封闭边界（由干扰引起）的预期布局，并将它们与图 4.20（a）所示的传统储层进行比较。理论上，这种表观的边界主导流动应该是无限作用流动，因为围绕 SRV 的未改造基质块持续供液，有助于生产响应。

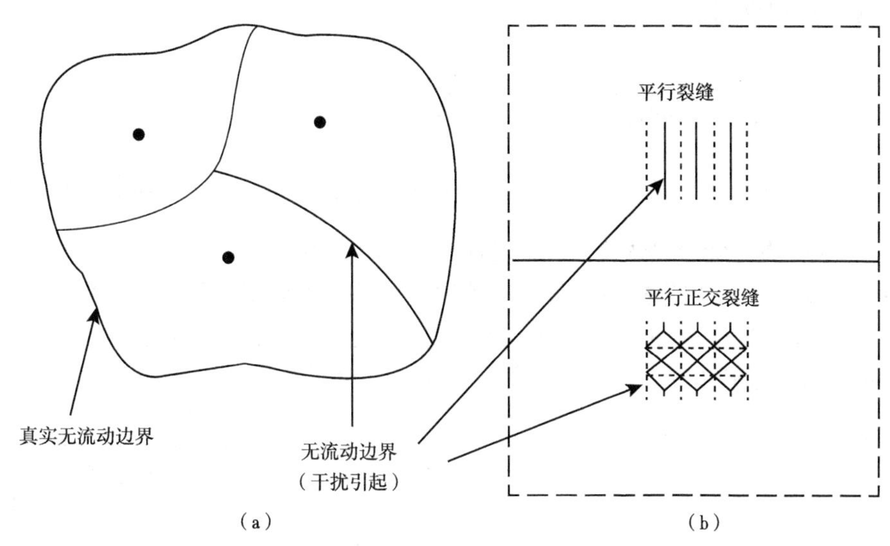

图 4.20 常规油气藏（a）与裂缝性页岩油气藏（b）的边界主导流动（据 Anderson 等，2010）

Mattar 和 McNeil（1998）提出了一种用于恒定速率情况、无须关井计算气体储量的流动物质平衡方法。他们的分析基于以下事实：在恒定流速边界主导流动期间，储层中任何点处的压力以相同的速率下降。因此，在井眼处测量的压降与在恒定流速边界主导流动的储层中的任何地方观察到的压降相同。因此，作者将砂面或井口流动压力与累计产量图版中描绘的直线移至初始储层或初始井口压力，从而在 x 轴截距上得到气体储量。Mattar 和 Anderson（2003）基于 Agarwal-Gardener 产量—累计产量典型曲线，提出了改进后的流动物质平衡方法。他们的分析包含在线性刻度下的基于产量归一化后的拟压降与基于累计产量归一化后的拟压降的关系图。基于他们的分析，在 x 轴截距上得到初始流体地质储量。作者亦根据物质平衡拟时间定义了它们的归一化累计产量。

流动物质平衡（FMB）是一种生产数据分析方法，是基于 Agarwal-Gardner 产量—累计产量典型曲线的修正版本（Matter 和 Anderson，2003）。该方法类似于传统的物质平衡分析，但不需要关井压力数据（初始储层压力除外）。相反，它使用基于流速归一化后的压力和物质平衡（拟）时间的概念来创建一个简单的线性图版，估测流体地质储量。

从气藏的拟稳态方程出发，使用拟压力和拟时间得到：

$$\frac{\Delta m(p)}{q} = \frac{2p_{\mathrm{i}}}{(\mu_{\mathrm{g}} c_{\mathrm{t}} Z)_{\mathrm{i}} G_{\mathrm{i}}} t_{\mathrm{ca}} + b'_{\mathrm{pss}} \tag{4.44}$$

其中

$$b'_{\mathrm{pss}} = \frac{1.417 \times 10^{6} T}{Kh}\left(\ln \frac{r_{\mathrm{e}}}{r_{\mathrm{wa}}} - \frac{3}{4}\right)$$

在式（4.44）中，G_{i} 是原始气体储量，t_{ca}是物质平衡拟时间，b'_{pss}是归一化后拟气体稳

态方程在 y 轴上的截距（也称为逆生产指数）。将式（4.44）的两边乘以 $\frac{q}{\Delta m(p)}$，除以 b_{pss}，然后重新整理得到：

$$\frac{q}{\Delta m(p)}=-\frac{2qt_{\mathrm{ca}}p_{\mathrm{i}}}{(\mu_{\mathrm{g}}c_{\mathrm{t}}Z)_{\mathrm{i}}\Delta m(p)}\frac{1}{G_{\mathrm{i}}b'_{\mathrm{pss}}}+\frac{1}{b'_{\mathrm{pss}}} \tag{4.45}$$

在式（4.45）中，归一化产量 $\frac{q}{\Delta m(p)}$ 与标准化累计产量 $\frac{2qt_{\mathrm{ca}}p_{\mathrm{i}}}{(\mu_{\mathrm{g}}c_{i}Z)_{\mathrm{i}}\Delta m(p)}$ 的关系曲线为一条直线，其在 x 轴的截距为初始气体地质储量（G_{i}）。基于边界主导流动响应，在图版上显示为一条直线，该 FMB 分析图版可用于确定连通的烃类储集空间（HCPV）（图 4.21）。该边界主导的流动响应代表 SRV。如果在双对数图版上未显示出边界主导流动，则 FMB 分析图版不能应用于确定 SRV。在这种情况下，需要对 SRV 进行独立解释。

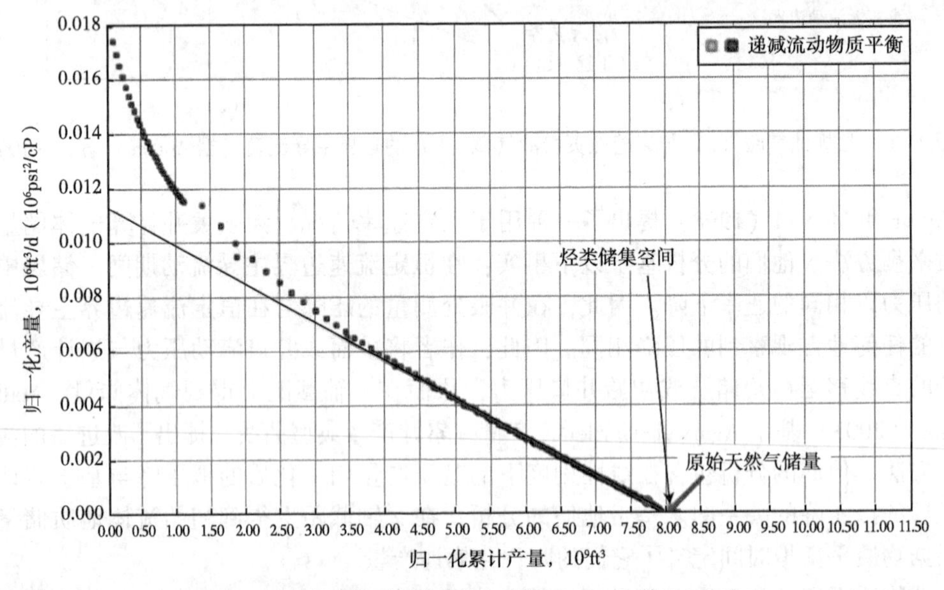

图 4.21　流动物质平衡图版（据 Anderson 等，2010）

4.4.3　双对数诊断图版

由于操作条件不断变化，在生产过程中难以保持恒定的井底压力。Palacio 和 Blasingame（1993）引入物质平衡时间函数，使我们能够分析可变产量/压力数据。物质平衡时间定义为累计产量与瞬时产量的比率：

$$t_{\mathrm{c}}=\frac{Q}{q} \tag{4.46}$$

式中：t_{c} 为物质平衡时间；Q 为累计产量；q 为产量。在气体的情况下使用物质平衡拟时间，其考虑了气体压缩性和黏度的变化。物质平衡拟时间定义如下：

$$t_{\mathrm{ca}}=\frac{(\mu_{\mathrm{g}}c_{\mathrm{t}})_{\mathrm{i}}}{q_{\mathrm{g}}}\int_{0}^{t}\frac{q_{\mathrm{g}}}{\overline{\mu_{\mathrm{g}}c_{\mathrm{t}}}}\mathrm{d}t \tag{4.47}$$

其中$(\mu_g)_i$是初始储层条件下的气体黏度；$(c_i)_i$为初始储层条件下的总压缩系数；q_g为产气量；$\bar{\mu}_g$为平均储层压力下的气体黏度；$\bar{c}_t$为平均储层压力下的总压缩系数。Agarwal 等（1999）使用物质平衡时间，恒定流速和恒定井底压力情况下得到了相同的结果。换句话说，物质平衡时间确保了恒压情况下的解可以应用于恒定流速情况，该情形被广泛应用于压力非稳态分析。

Palacio 和 Blasingame（1993）以及 Doublet 等（1994）提出了基于流速归一化后的压力，其定义为流速除以压降。基于流速归一化后的压力和导数相对于物质平衡时间的计算如下：

$$\frac{q}{\Delta m} \tag{4.48}$$

$$\left(\frac{q}{\Delta m}\right)_d = \frac{d\left(\frac{q}{\Delta m}\right)}{d\ln t_{ca}} \tag{4.49}$$

其中

$$\Delta m = m(p_i) - m(p_{wf})$$

式（4.50）显示了归一化产量积分的定义，当归一化产量积分对物质平衡时间作图时其为归一化产量的累计平均值。使用积分函数，可以有效地去除原始数据中的噪点，从而获得平滑的递减曲线。积分曲线类似于原始产量递减曲线，但更加平滑。产量积分和积分—微分函数定义为：

$$\left(\frac{q}{\Delta m}\right)_i = \frac{\int_0^{t_{ca}} \frac{q}{\Delta m} dt_{ca}}{t_{ca}} \tag{4.50}$$

$$\left(\frac{q}{\Delta m}\right)_{id} = \frac{d\left(\frac{q}{\Delta m}\right)_i}{d\ln t_{ca}} \tag{4.51}$$

基于产量归一化后的压力是基于压力归一化后产量的倒数，因此这些函数本质上是相同的。它具有重要意义，因为与压力归一化产量相比，产量归一化压力具有明显特征。下面给出了基于物质平衡拟时间的产量归一化压力、导数、积分和积分—微分函数。

$$\frac{\Delta m}{q} \tag{4.52}$$

$$\left(\frac{\Delta m}{q}\right)_d = \frac{d\left(\frac{\Delta m}{q}\right)}{d\ \ln t_{ca}} \tag{4.53}$$

$$\left(\frac{\Delta m}{q}\right)_i = \frac{\int_0^{i_{ca}} \frac{\Delta m}{q} dt_{ca}}{t_{ca}} \tag{4.54}$$

$$\left(\frac{\Delta m}{q}\right)_{id} = \frac{d\left(\frac{\Delta m}{q}\right)_i}{d\ln t_{ca}} \tag{4.55}$$

基于归一化产量/拟压力数据、导数、积分和积分—微分函数以及物质平衡拟时间，能有效识别页岩气藏的流态。即使产量和压力函数在分析数据时没有显示出实质性差异，但也鼓励使用这两种数据形式（Ilk 等，2010）。应用具有不同特征的两种数据形式可确保从生产数据中获得相关的诊断结果。

4.5 气藏动态评价

由于页岩气藏的超低基质渗透率和复杂的天然裂缝，在非稳态流动期间会持续相当长的时间和同时表现出复杂的流动状态。因此，了解水力压裂水平井的压力响应特征对于长期生产情况的评价和基于压力非稳态分析估测储层和裂缝参数极为重要。在本节中，考虑了储层和裂缝性质对页岩储层的影响，对此进行了大量的模拟研究。这项工作的主要目的是基于双对数诊断图版及生产指数曲线分析压力响应行为。然后，使用典型曲线拟合技术确定页岩气藏的岩石物性。通过该研究，我们能深刻认识页岩气藏多级压裂水平井的压力响应特征及储层参数反演计算。

4.5.1 压力瞬态响应特征

由于页岩气储层具有极低的基质渗透率，因此瞬时流动状态在生产过程中持续很长时间。因此，页岩气井的压力非稳态响应特征具有重要意义，并且在多项研究中进行过讨论。Larsen 和 Hegre（1991，1994）研究了水力压裂水平井的压力瞬态响应特征。他们用相应的解析模型描述了压力瞬态流动状态。Horne 和 Temeng（1995）建立了一种描述具有多个水力裂缝的水平井的流入状态和瞬态压力响应行为的解析模型。Raghavan 等（1997）在高渗透率常规油藏中讨论了裂缝的数量、位置和方向对压力瞬态响应的影响。Mederios 等（2007）介绍了局部和全局裂缝性储层中水力压裂水平井的压力和压力导数诊断图版。他们比较了纵向和横向裂缝对水平井产能的影响。Medeiros 等（2008）对基质渗透率、裂缝间距和井距对致密气藏压力特征的影响进行了探讨。Lu 等（2009）解释了双重孔隙度、双重渗透率天然裂缝油藏水平井的压力响应特征。Cheng（2011）利用数值模拟模型研究了水力压裂井的压力瞬态特征，并结合 Marcellus 页岩实际情况综合考虑各种因素。Wu 等（2012）基于数值模型研究了气体非稳态流动行为及其在非常规气藏水力压裂垂直井试井分析中的应用。Rana 和 Ertekin（2012）提出了一套新的复合双重孔隙系统压力瞬态分析典型图版。复合双重孔隙系统代表页岩气储层中有多级压裂水平井。Lee 等（2014）提出了页岩气藏水平井的压力瞬态分析，其中包括许多重要的地层特征和非线性过程。基于无量纲拟压力和时间，他们针对瞬态压力响应提供了各种典型曲线，同时通过典型曲线拟合压力数据。Kim 等（2014）提出了一个综合油藏模拟模型，以研究水力裂缝特性和气体非线性流动机制影响下的压力瞬态响应特征。这些数值模拟的结果在拟压力及拟压力导数对时间的双对数图版上显示了各种流态。

通常，页岩气藏由基质和天然裂缝组成。水力压裂不仅会产生新的裂缝，而且会使现有的天然裂缝恢复活力，从而形成井筒周围相互连接的裂缝网络。Kim 和 Lee（2015）考虑了受水力压裂影响的天然裂缝与未受影响的天然裂缝之间的区别。以下部分介绍了他们的新模型，称为 SRV 模型，基于真实的页岩气藏，包括激活的裂缝和天然裂缝。

图 4.22 是 SRV 模型的拟压力及拟压力导数对时间的双对数图版（Kim 和 Lee，2015）。根据拟压力导数曲线，这是一种比拟压力曲线更有效的分析流态的方法，流态的确定如下，压降分布如图 4.23 所示。

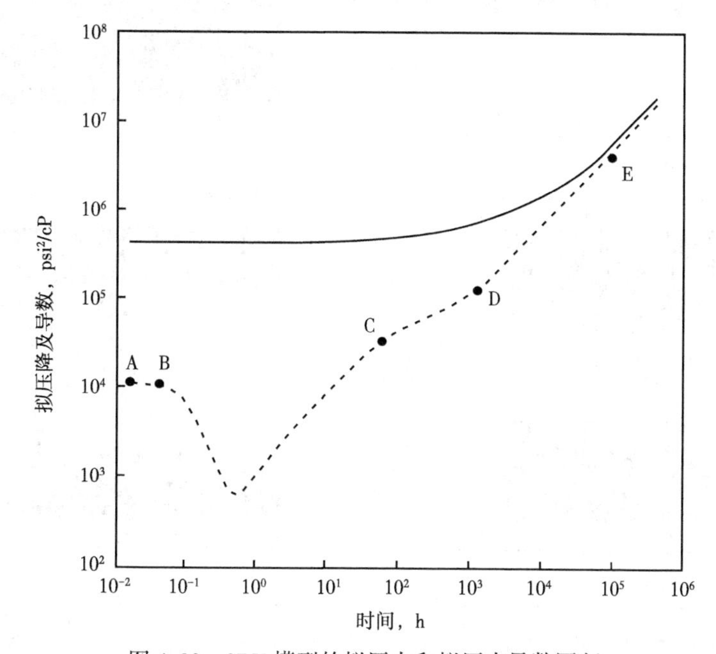

图 4.22　SRV 模型的拟压力和拟压力导数图版

从图 4.22 中可以看到：

（1）从 A 点到 B 点的第一条水平直线表示裂缝径向流动（FRF）。FRF 主要发生在水力裂缝中。

（2）下一个周期为从 B 点到 C 点的向下凸起的特征段，其与双重孔隙度系统相关。如上所述，裂缝压力和基质压力的差异在这个阶段的早期会增加然后减少。在此阶段结束时，裂缝和基质压力达到动态平衡。

（3）从 C 点到 D 点的部分是显示各种流态的非稳态流动阶段。在该模型中，能观察到双线性流动（BLF）和内部线性流动（ILF）。

（4）从 D 点到 E 点是受内外部区域影响的过渡阶段，内部区域包括天然裂缝和激活的裂缝，外部区域仅包含天然裂缝。由于这两个区域之间的渗透率具有高对比度，因此它们的边界表现为滤失边界。在本书中，该过渡阶段被定义为拟边界主导流动（PBDF）并且表现为斜率在 1/2 和 1 之间的直线。

（5）双对数图板上在点 E 之后具有单位斜率的直线表示边界主导流动（BDF）。如果观察到这个流动阶段，则意味着基质块和裂缝的压力都波及外部边界。

根据不同的情况，在该列表中的所有流动状态可以被切换或不显示。

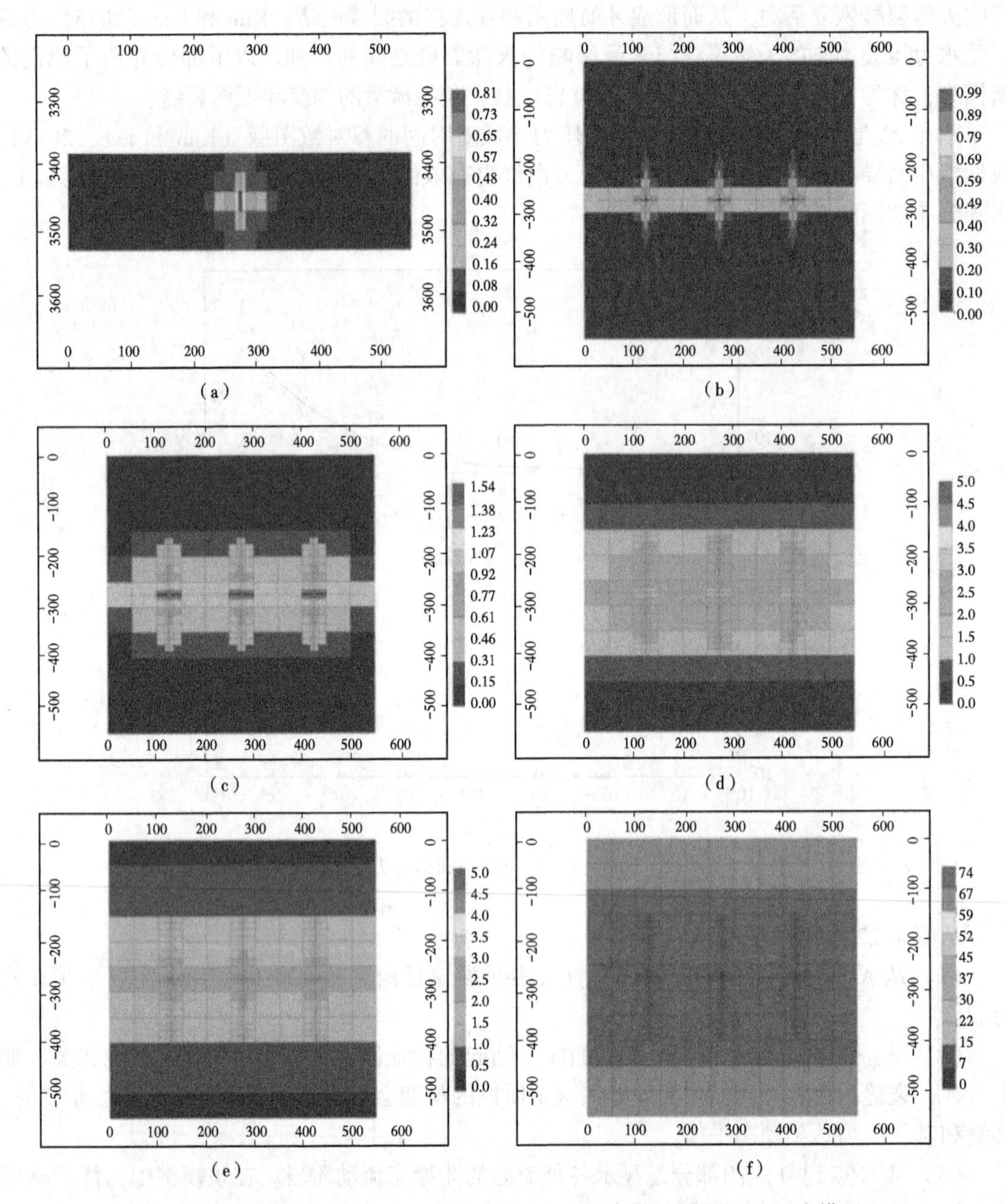

图 4.23 SRV 模型（a FRF、b BLF、c ILF、d PBDF、f BDF）和现有模型（a FRF、b BLF、c ILF、e CLF、f BDF）流态

图 4.24 对比了 SRV 模型的拟压力和拟压力导数曲线与先前研究中的已有模型的拟压力和拟压力导数曲线。现有模型仅考虑水力压裂裂缝和天然裂缝，并未考虑 SRV 模型中的激活裂缝的影响。为了对比仅包括天然裂缝的外部区域的影响，SRV 模型中激活裂缝渗透率等于现有模型的天然裂缝渗透率。在图 4.24 的拟压力导数曲线中，两个模型的差异出现在点 D 之后。如前所述，SRV 模型显示了 PBDF。然而，在现有模型中，观察到过渡和复合

线性流动［CLF，图 4.23（e）］周期。由于裂缝的渗透率在整个现有模型中是恒定的，因此 CLF 看起来垂直于水平井筒。BDF 的开端在两个模型中也是不同的。由于 SRV 模型中的 PBDF 阻碍了压力传播，因此现有模型中达到 BDF 的时间比 SRV 模型短 8000h。

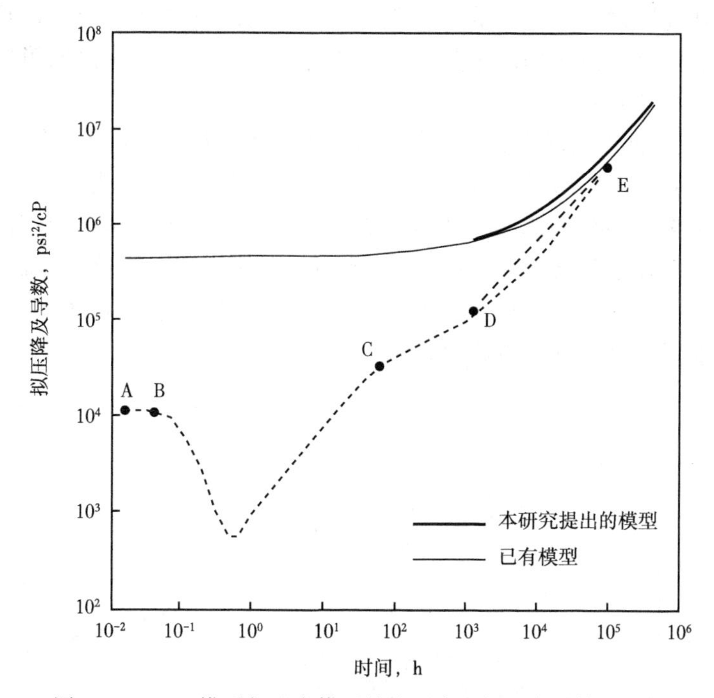

图 4.24　SRV 模型与现有模型的拟压力和拟压力导数的比较

使用拟压力和拟压力导数的双对数图版研究了 SRV 内外的裂缝和基质渗透率、水力裂缝性质和 SRV 范围的影响（Kim 和 Lee，2015）。除了晚期流动，内部裂缝渗透率或再生裂缝渗透率影响整个生产周期的流动状态。随着再生裂缝渗透率的增加，水力裂缝内的流动迅速达到平衡，因此在双重孔隙度流动阶段后的每种情况下都会出现不同的流动状态。内部基质渗透率影响了双重孔隙流动的周期。较大的内部基质渗透率增强了基质向激活裂缝的流动并加快了压力平衡。外部裂缝渗透率或天然裂缝渗透率会影响 PBDF 的斜率和导数曲线上 BDF 的开端。水力裂缝的宽度、高度和半长分别影响早期、中期和晚期的产能。随着 SRV 范围的增加，PBDF 的斜率也会上升，BDF 开始更早。

有几篇论文对储层应力导致的裂缝导流能力降低进行了相关研究。Pedrosa（1986）提出了渗透率模量，测量得到渗透率对压力的指数依赖性，以构建来自应力敏感储层的典型曲线。Tran 等（2005）提出了几种将地质力学耦合到储层中的流体流动的方法。Raghavan 和 Chin（2004）在各向同性线弹性模型中耦合三个与应力相关的渗透率模型，结果显示了由于应力敏感导致的产能下降。Dong 等（2010）测量了应力依赖的孔隙度和渗透率。研究表明，可以通过使用指数相关式和幂律相关式来拟合实验数据。Cho 等（2013）通过 Bakken 页岩岩心样品的实验和历史拟合，展示了压力依赖性天然裂缝渗透率对生产的影响。

为了分析应力依赖压实的影响，Kim 等（2015）考虑了 5 种情况。其中两个是未考虑地质力学模型和具有压力依赖指数相关性的非地质力学模型。非地质力学模型不考虑任何地质力学效应，因此孔隙度根据岩石压缩系数略有变化，但渗透率不会改变。在具有指数相关的非地质力学模型中，孔隙度和渗透率随压力依赖指数相关性而变化。其他的情况是考虑地质力学模型，地质力学模型耦合指数相关式和地质力学模型耦合幂律相关式。在地质力学模型中，如前所述，通过地质力学和油藏模型之间的迭代耦合来计算储层性质，但渗透率不会改变。具有指数和幂律相关性的地质力学模型考虑了应力依赖的孔隙度和渗透率以及相关的地质力学效应。

图4.25展示了5种情况的压力—时间图版，以便于间接地分析生产情况。由图4.25可知，地质力学模型起着重要作用。由地质力学效应引起的产量提高为3%~5%。页岩储层的变形减小了基质和裂缝的孔隙体积，从而激活了产能。与地质力学模型相比，应力相关性的影响较小。由于孔隙度和渗透率的降低，这些相关性使得产能下降了1%~3%。由于孔隙度和渗透率乘数因子的变化在幂律相关性中高于指数相关性（图4.26），因此采用幂律相关的模型中的产能降低高于具有指数相关性的模型。

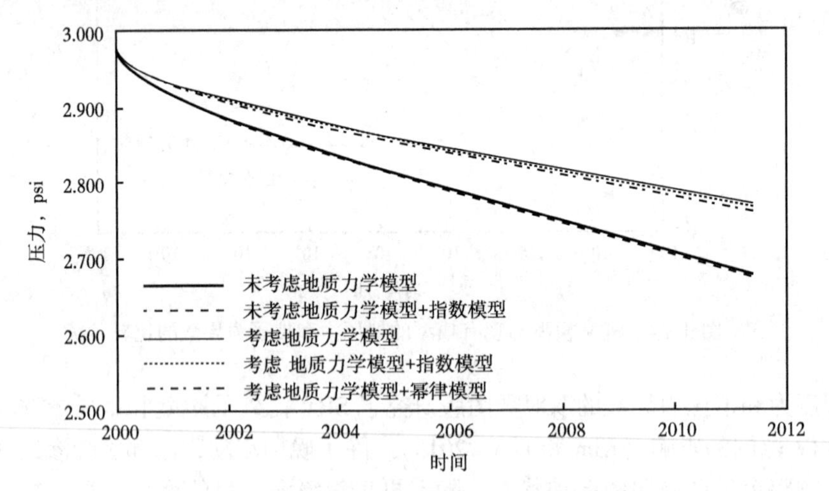

图4.25 5种基本情况下的压力—时间曲线

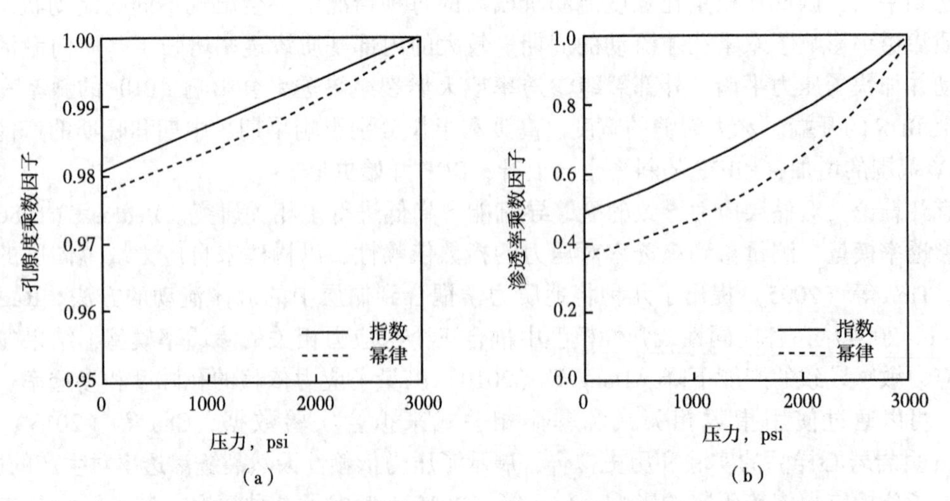

图4.26 页岩的孔隙度乘数因子（a）和渗透率乘数因子（b）曲线

为了具体分析压力响应，无量纲拟压力及无量纲拟压力导数对无量纲时间的双对数图版的典型曲线如图 4. 27 所示。在所有情况下，均观察到裂缝径向流动（FRF）、双线性流动（BLF）和内部线性流动（ILF）（图 4. 28）。由于地质力学模型的影响，双重孔隙流动阶段向下凸起特征段被延展。双重孔隙流动阶段是裂缝与基质压力之间的差异达到动态平衡的过程。由于储层介质的变形，在地质力学模型中需要更长时间达到动态平衡。应力依赖相关性往往会在早期延长 FRF，并在晚期增加 ILF 的斜率［图 4. 27（b）］。

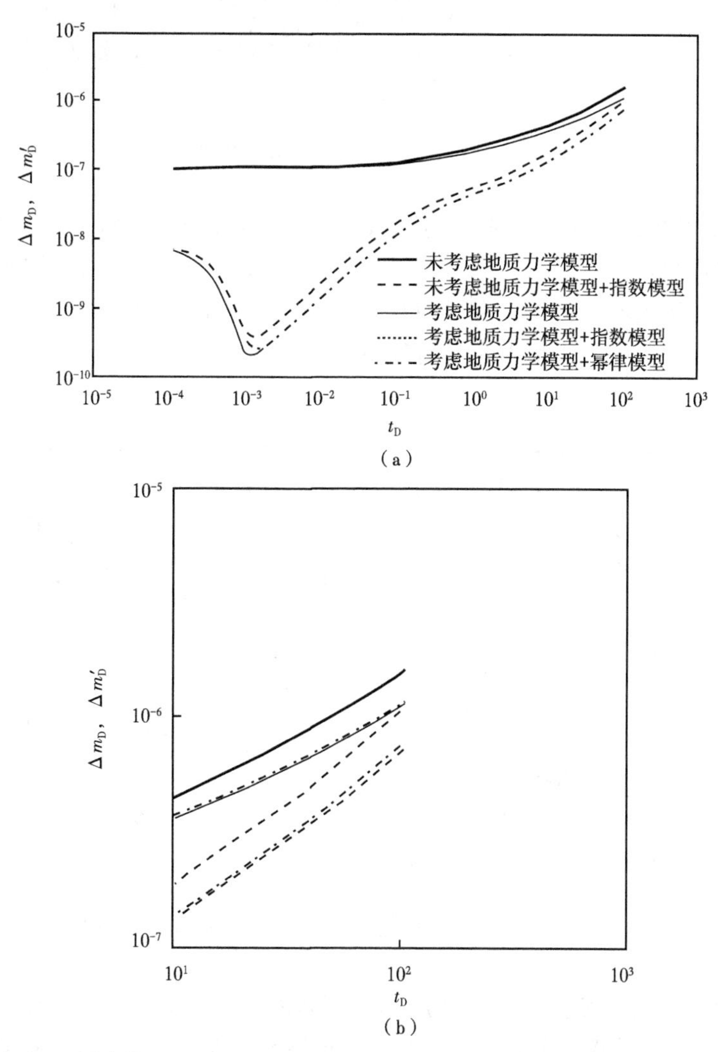

图 4. 27　全周期（a）和晚期（b）的 5 种情况下的无量纲拟压降（实线）和无量纲拟压降导数（虚线）的典型曲线

应力相关式中的实验系数、初始有效应力、初始储层压力、天然裂缝渗透率、基质孔隙度、杨氏模量和泊松比影响页岩气开发过程中的流态（Kim 等，2015）。这在渗透率和孔隙度的结果中尤为明显；地质力学效应对低渗透率和低孔隙度储层的开发影响重大。因此，页岩气藏中考虑地质力学效应是必要的。

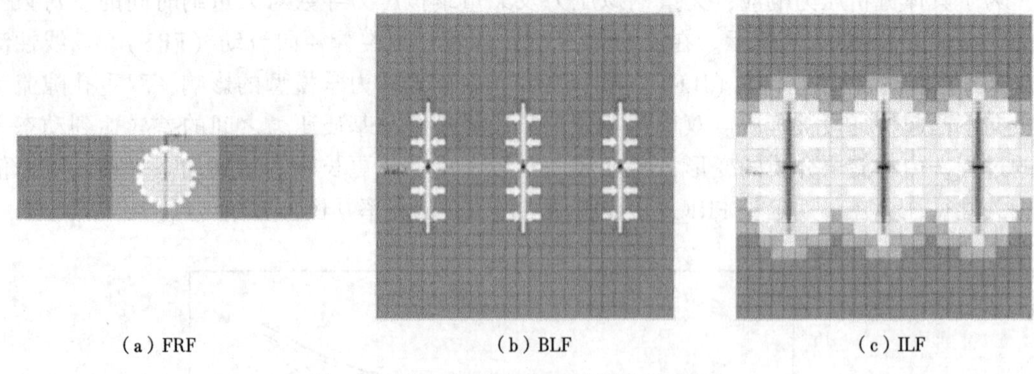

图 4.28　页岩气藏多级压裂水平井的流态

图 4.29 展示了初始有效应力对孔隙度和渗透率乘数因子的影响。在这些曲线中可以明显观察到指数和幂律相关性之间的差异。如图 4.29 所示，只有幂律相关性受初始有效应力的影响，而指数关系则不受影响。在幂律相关性中，随着初始有效应力变小，孔隙率和渗透率的减小幅度变得更大。这是因为具有较低初始有效应力的模型比具有较高初始有效应力的模型更易变形。

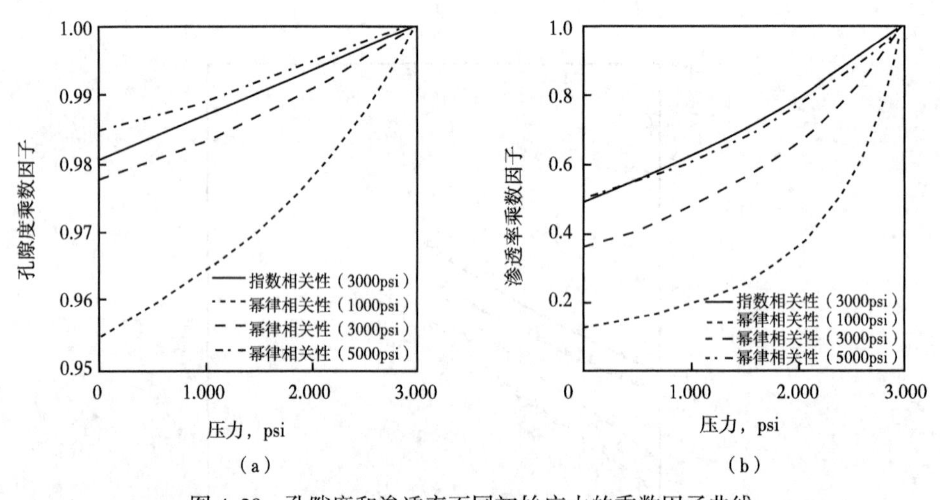

图 4.29　孔隙度和渗透率不同初始应力的乘数因子曲线

为了验证前面提到的模型，使用了 Barnett 页岩的气井数据。图 3.3 展示了 Anderson 等（2010）的每日压力和天然气产量数据。由于现场数据包括可变压力/产量及噪点，因此引入 Palacio 和 Blasingame（1993）提出的物质平衡时间函数进行校正，同时基于产量归一化压力，从而分析可变压力/产量的数据。由于现场数据的环境噪声，难以从导数曲线中分析流动状态的斜率。在 4.4.3 小节中介绍了积分函数，基于积分函数方法，原始数据中的所有噪声都被有效地消除。

图 4.30 展示了 Barnett 页岩数据的产量归一化压力积分和积分导数曲线。在图 4.30 中，观察到前面提到的三种流动状态。从 700h 到 1500h，显示了斜率为 0.25 的 BLF。在 1500~

4000h 之间观察到 ILF，其斜率为 0.5。在 ILF 之后，导数曲线的斜率大致为 0.8。该阶段是 PBDF，其受 SRV 与外部区域之间的性质差异的影响。

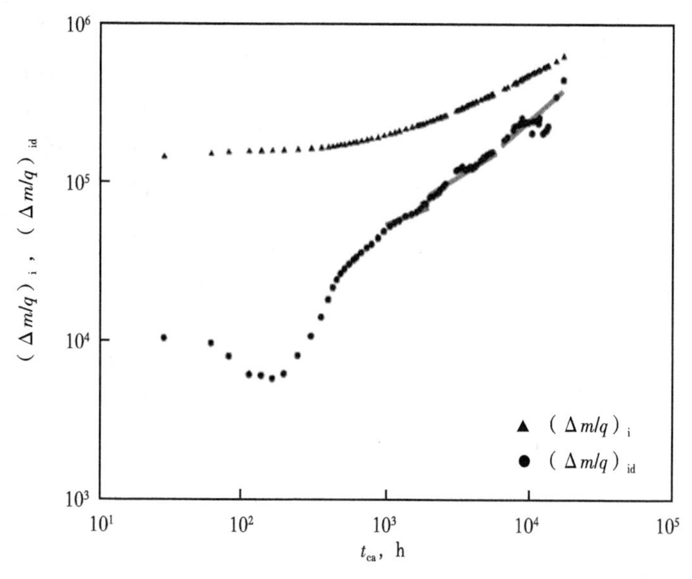

图 4.30　Barnett 页岩数据的产量归一化压力积分和积分导数曲线

为了验证本书所述的影响，使用了 Marcellus 页岩的现场生产数据。图 4.31 展示了 Yeager 和 Meyer（2010）研究中提及的井底流动压力和产气量数据。与 Barnett 页岩实例相同，物质平衡时间函数和耦合积分函数的产量归一化压力用于减少可变压力/产量和噪声对现场数据的影响。

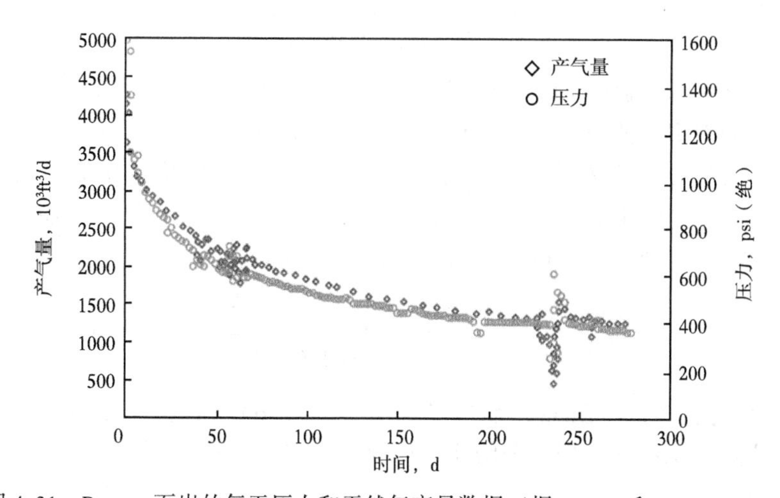

图 4.31　Barnett 页岩的每天压力和天然气产量数据（据 Yeager 和 Meyer，2010）

Marcellus 页岩数据的流量归一化压力积分和归一化压力积分导数曲线如图 4.32 所示。在图 4.32 中，明显观察到前面提到的三种流动状态。斜率为 0.25 的 BLF 出现在 100～250h。250～500h，观察到 ILF，其斜率为 0.5。ILF 之后存在短暂过渡流态阶段，导数曲线的斜率为0.5。这个阶段是CLF。虽然由于数据的质量和数量无法获得本书中提到的所有流态，但是现场实例进一步验证了所提出的页岩气藏数值模型的可靠性。

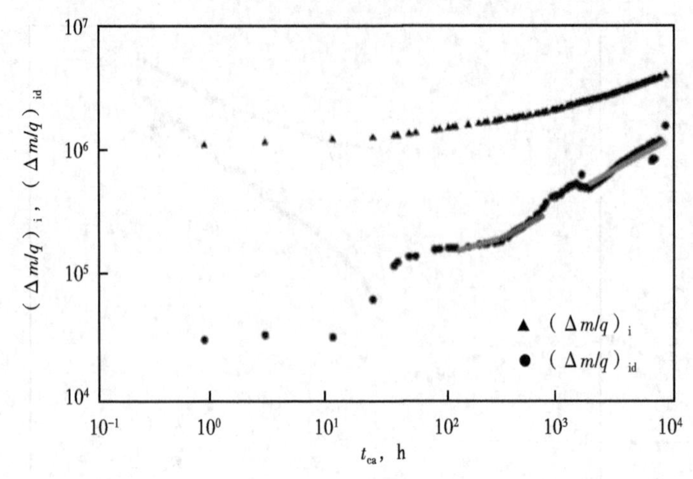

图4.32 基于Marcellus页岩数据的产量归一化压力积分和积分导数曲线

4.5.2 产能指数

非稳态产能指数是研究致密储层中水平井产能的一种便捷手段（Medeiros等，2008；Ozkan等，2011）。Araya和Ozkan（2002）讨论过广义非稳态产能指数应用于水平井递减分析典型曲线。气体流动的非稳态产能指数 J（$ft^3 \cdot cP/(d \cdot psi^2)$）被定义为气体拟压力的函数，即

$$J(t)=\frac{q_{sc}(t)}{\Delta m(p_{wf})-\Delta m(p_{avg})} \tag{4.56}$$

根据式（4.56），产能对时间曲线如图4.33所示。在产能指数曲线中，在早期和晚期各存在一个平坦的斜率特征段。第一个平坦特征段与双重孔隙度系统相关，对应于图4.22中拟压力导数曲线的B点到C点的这个阶段。根据图2.2中斜率几乎为零的中间直线段，产能指数在此期间也是恒定的。产能指数曲线末端斜率为零的直线表征BDF阶段。在半稳态条件下表征BDF，其流入方程的一般形式（Dietz，1965）由下式给出：

$$m(p_{avg})-m(p_{wf})=\frac{q\mu}{2\pi Kh}\left(\frac{1}{2}\ln\frac{4A}{\gamma C_A r_W^2}\right) \tag{4.57}$$

式中：A 为泄油面积，C_A 为Dietz形状因子。从式（4.56）和式（4.57）中，BDF表示恒定的产能，相应地在瞬态产能指数图版晚期显示为平坦特征段（图4.33）。

4.5.3 典型曲线拟合

基于广泛的数值模拟研究，并针对各种储层和裂缝特性，在无量纲拟压降和导数对无量纲时间的基础上建立了一系列典型曲线（Kim等，2015；Kim和Lee，2015）。利用这些的典型曲线，提出了一种简单实用的流程来估测多级压裂水平井的储层性质。并逐步阐述了使用这些典型曲线分析压力非稳态测试的流程。

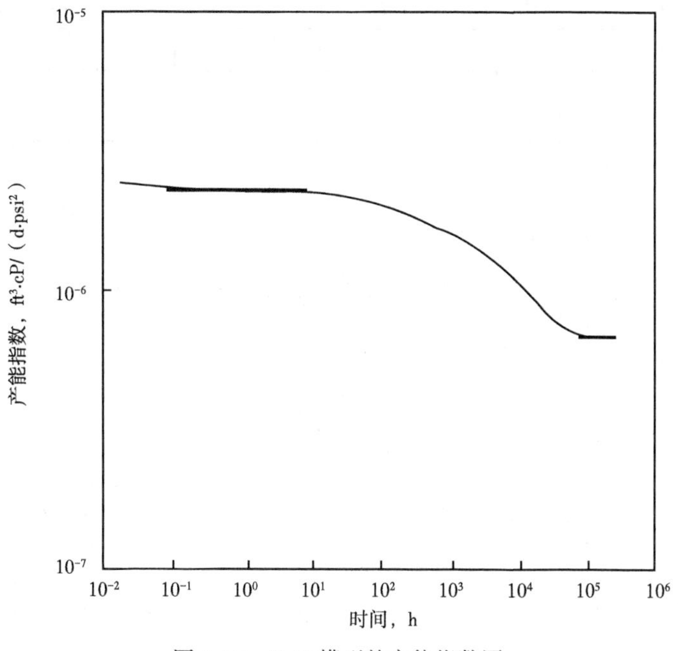

图 4.33 SRV 模型的产能指数图

Kim 和 Lee（2015）基于压力数据和无量纲变量生成了这些典型曲线。Nobakht 等（2012）提出了适用于页岩气藏多级压裂水平井的无量纲变量以建立典型曲线。无量纲时间 t_D、无量纲拟压力降 Δm_D、无量纲孔隙间流动系数 λ、无量纲裂缝导流能力 F_{CD} 和无量纲裂缝高度 h_{DF} 定义为：

$$t_D = \frac{0.00633 K_f t}{\phi_{m+f}(c_t\mu)_i x_F^2} \tag{4.58}$$

$$\Delta m_D = \frac{K_f h}{1.417 \times 10^6 T} \frac{\Delta m}{q} \tag{4.59}$$

$$\lambda = \alpha r_w^2 \frac{K_m}{K_f} \tag{4.60}$$

$$F_{CD} = \frac{K_F w_F}{K_m x_F} \tag{4.61}$$

$$h_{DF} = \frac{h_F}{x_F} \tag{4.62}$$

式中：K_f 为天然裂缝渗透率；ϕ_{m+f} 为基质和裂缝的孔隙度；x_F 为水力裂缝半长；h 为储层高度；T 为储层温度；α 为储层系统几何特征参数；K_F 为水力裂缝渗透率；K_m 为基质渗透率；w_F 为水力裂缝宽度；h_F 为水力裂缝高度。具有无量纲孔隙间流动、裂缝导流能力和裂缝高度的典型曲线如图 4.34 至图 4.36 所示。

$p_i=1500\text{psi}$	$T=100^\circ\text{F}$	$c_t=5.849\times10^{-4}\text{psi}^{-1}$
$\mu=0.014\text{cP}$	$h=150\text{ft}$	$x_F=100\text{ft}$

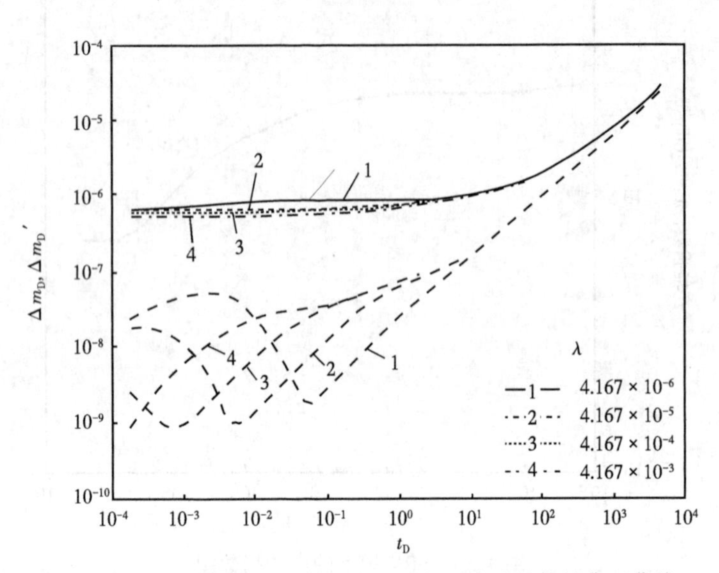

图 4.34 不同孔隙流量系数下无量纲拟压降及导数的典型曲线

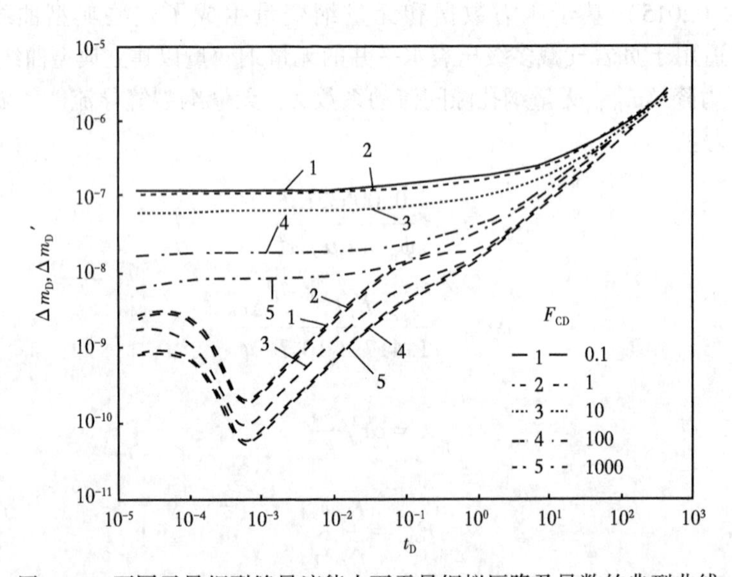

图 4.35 不同无量纲裂缝导流能力下无量纲拟压降及导数的典型曲线

步骤 1 计算 $\Delta m(p)$ 和 $t\Delta m'(p)$。

步骤 2 在双对数图版上绘制（$\Delta m\ (p)—t$）和（$t\Delta' m\ (p)—t$）。

步骤 3 使用双对数图版找到最佳的匹配典型曲线，如图 4.37 所示。

步骤 4 从任一拟合点读取 $t_M=10^{-2}$，$t_{DM}=1.1\times10^{-4}$，$\Delta m_M=10^2$，$\Delta m_{DM}=1.5\times10^{-10}$。

步骤 5 使用式（4.59）计算裂缝渗透率（K_f）。

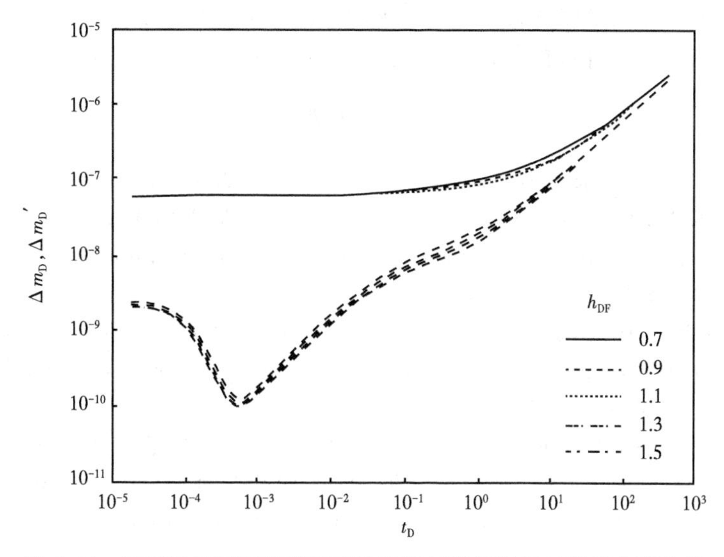

图 4.36 不同无量纲裂缝高度下的无量纲拟压降及导数的典型曲线

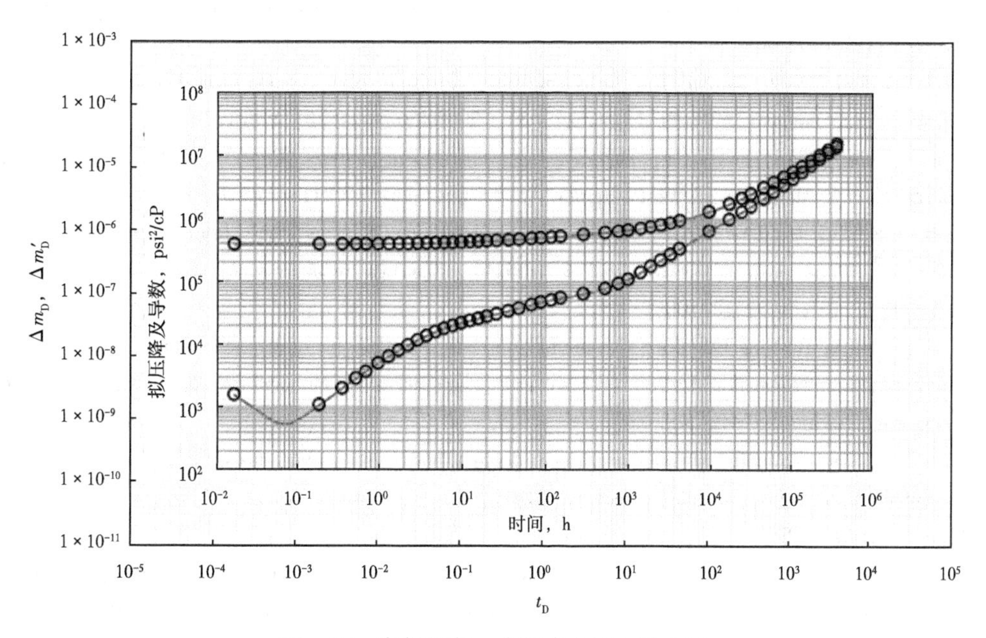

图 4.37 案例研究—典型曲线历史拟合图

$$K_f = \frac{1.417\times10^6\times560\times500}{150}\ \frac{1.5\times10^{-10}}{10^2} = 3.97\times10^{-3}\text{mD}$$

步骤 6 使用式（4.58）计算总孔隙度（ϕ_{m+f}）。

$$\phi_{m+f} = \frac{0.00633\times3.97\times10^{-3}}{5.849\times10^{-4}\times0.014\times100^2}\ \frac{100}{1.1\times10^{-4}} = 2.94\times10^{-2}$$

用于生成测试数据的裂缝渗透率和总孔隙度的实际值分别为 4×10^{-3}mD 和 3.008×10^{-2}。因此，基于典型曲线拟合计算的储层属性是可靠的。

参 考 文 献

[1] Agarwal RG et al (1999) Analyzing well production data using combined-type-curve and decline-curve analysis concepts. SPE Res Eval Eng 2 (5): 478-486. doi: 10.2118/57916-PA.

[2] Anderson D et al (2010) Analysis of production data from fractured shale gas wells. Soc Pet Eng J 15 (01): 64-75. doi: 10.2118/115514-PA.

[3] Araya A, Ozkan E (2002) An account of decline-type-curve analysis of vertical, fractured, and horizontal well production data. Paper presented at SPE annual technical conference and exhibition, San Antonio, Texas, 29 Sept-2 Oct 2002. doi: 10.2118/77690-MS.

[4] Arps JJ (1945) Analysis of decline curves. Trans AIME 160 (1): 228-247. doi: 10.2118/945228-G.

[5] Barree RD (1998) Applications of pre-frac injection/falloff tests in fifissured reservoirs—fifield examples, SPE Rocky mountain regional. Paper presented at the low-permeability reservoirs symposium, Denver, Colorado, 5-8 April 1998. doi: 10.2118/39932-MS.

[6] Barree RD, Mukherjee H (1996) Determination of pressure dependent leakoff and its effect on fracture geometry. Paper presented at the SPE annual technical conference and exhibition, Denver, Colorado, 6-9 Oct 1996. doi: 10.2118/36424-MS.

[7] Barree RD et al (2009) Holistic fracture diagnostics: consistent interpretation of prefrac injection tests using multiple analysis methods. SPE Prod Oper 24 (3): 396-406. doi: 10.2118/107877-PA.

[8] Belyadi H et al (2015) Production analysis using rate transient analysis. Paper presented at the SPE eastern regional meeting, Morgantown, West Virginia, 13-15 Oct. doi: 10.2118/177293-MS.

[9] Benelkadi S, Tiab D (2004) Reservoir permeability determination using after-closure period analysis of calibration tests. Paper presented at the SPE Permian basin oil and gas recovery conference, Midland, Texas, 15-17 May 2001. doi: 10.2118/70062-MS.

[10] Blasingame TA, Rushing JA (2005) A production-based method for direct estimation of gas-in-place and reserves. Paper presented at the 2005 SPE eastern regional meeting, Morgantown, West Virginia, 14-16 Sept 2005. doi: 10.2118/98042-MS.

[11] Castillo JL (1987) Modified fracture pressure decline analysis including pressure-dependent leakoff. Paper presented at the low permeability reservoirs symposium, Denver, Colorado, 18 - 19 May 1987. doi: 10.2118/16417-MS.

[12] Cheng Y (2011) Pressure transient characteristics of hydraulically fractured horizontal shale gas wells. Paper presented at the SPE eastern regional meeting, Columbus, Ohio, 17-19 Aug 2011. doi: 10.2118/149311-MS.

[13] Cho Y et al (2013) Pressure-dependent natural-fracture permeability in shale and its effect on shale-gas well production. SPE Res Eval Eng 16 (2): 216-228. doi: 10.2118/159801-PA.

[14] Clark AJ et al (2011) Production forecasting with logistic growth models. Paper presented at the SPE annual technical conference and exhibition, Denver, Colorado, 30 Oct-2 Nov 2011. doi: 10.2118/144790-MS.

[15] Craig DP, Blasingame TA (2006) Application of a new fracture-injection/falloff model accounting for propagating, dilated, and closing hydraulic fractures. Paper presented at the SPE gas technology symposium, Calgary, Alberta, Canada, 15-17 May 2006. doi: 10.2118/100578-MS.

[16] Dietz DN (1965) Determination of average reservoir pressure from build-up surveys. J Pet Tech 17 (8):

955-959. doi: 10.2118/1156-PA.

[17] Dong JJ et al (2010) Stress-dependence of the permeability and porosity of sandstone and shale from TCDP Hole-A. Int J Rock Much Min Sci 47 (7): 1141-1157. doi: 10.1016/j.ijrmms.2010.06.019.

[18] Doublet LE et al (1994) Decline-curve analysis using type curves—analysis of oil well production data using material balance time: application to fifield cases. Paper presented at the international petroleum conference and exhibition of Mexico, Veracruz, Mexico, 10-13 Oct 1994. doi: 10.2118/28688-MS.

[19] Duong AN (2011) Rate-decline analysis for fracture-dominated shale reservoirs. SPE Res Eval Eng 14 (3): 377-387. doi: 10.2118/137748-PA.

[20] Ewens et al (2012) Executing minifrac tests and interpreting after-closure data for determining reservoir characteristics in unconventional reservoirs. Paper presented at the SPE Canadianunconventional resources conference, Calgary, Alberta, Canada, 30 Oct-1 Nov. doi: 10.2118/162779-MS.

[21] Gu H et al (1993) Formation permeability determination using impulse-fracture injection. Paper presented at the production operations symposium, Oklahoma City, Oklahoma, 21-23 March 1993. doi: 10.2118/25425-MS.

[22] Horne RN, Temeng KO (1995) Relative productivities and pressure transient modeling of horizontal wells with multiple fractures. Paper presented at the SPE middle east oil show, Bahrain, 11-14 March 1995. doi: 10.2118/29891-MS.

[23] Houze O et al (2015) Dynamic Data Analysis. KAPPA, Paris.

[24] Ilk D et al (2008) Exponential vs. hyperbolic decline in tight gas sands—understanding the origin and implications for reserve estimates using Arps' decline curves. Paper presented at the SPE annual technical conference and exhibition, Denver, Colorado, 21-24 Sept 2008. doi: 10.2118/116731-MS.

[25] Ilk D et al (2010) Production data analysis—challenges, pitfalls, diagnostics. SPE Res Eval Eng 13 (3): 538-552. doi: 10.2118/102048-PA.

[26] Johnson RH, Bollens AL (1927) The loss ratio method of extrapolating oil well decline curves. Trans AIME 77 (01): 771-778. doi: 10.2118/927771-G.

[27] Kanfar MS, Wattenbarger RA (2012) Comparison of empirical decline curve methods for shale wells. Paper presented at the SPE Canadian unconventional resources conference, Calgary, Alberta, Canada, 30 Oct-1 Nov 2012. doi: 10.2118/162648-MS.

[28] Kim TH, Lee KS (2015) Pressure-transient characteristics of hydraulically fractured horizontal wells in shale-gas reservoirs with natural- and rejuvenated-fracture networks. J Can Pet Tech 54 (04): 245-258. doi: 10.2118/176027-PA.

[29] Kim TH et al (2014) Development and application of type curves for pressure transient analysis of multiple fractured horizontal wells in shale gas reservoirs. Paper presented at the offshore technology conference-Asia, Kuala Lumpur, Malaysia, 25-28 March 2014. doi: 10.4043/24881-MS.

[30] Kim TH et al (2015) Integrated reservoir flflow and geomechanical model to generate type curves for pressure transient responses in shale gas reservoirs. Paper presented at the twenty-fififth international offshore and polar engineering conference, Kona, Hawaii, 21-26 June 2015.

[31] Larsen L, Hegre TM (1991) Pressure transient behavior of horizontal wells with fifinite-conductivity vertical fractures. Paper presented at the international Arctic technology conference, Anchorage, Alaska 29-31 May 1991.

[32] Larsen L, Hegre TM (1994) Pressure transient analysis of multifractured horizontal wells. Paper presented at the SPE annual technical conference and exhibition, New Orleans, Louisiana, 25- 28 Sept 1994. doi:

10. 2118/28389-MS.

[33] Lee SJ et al (2014) Development and application of type curves for pressure transient analysis of horizontal wells in shale gas reservoirs. J Oil Gas Coal T 8 (2): 117-134. doi: 10. 1504/IJOGCT. 2014. 06484.

[34] Lu J et al (2009) Pressure behavior of horizontal wells in dual-porosity, dual-permeability naturally fractured reservoirs. Paper presented at the SPE middle east oil and gas show and conference, Bahrain, 15-18 March 2009. doi: 10. 2118/120103-MS.

[35] Mattar L, Anderson DM (2003) A systematic and comprehensive methodology for advanced analysis of production data. Paper presented at the SPE annual technical conference and exhibition, Denver, Colorado, 5-8 Oct 2003. doi: 10. 2118/84472-MS.

[36] Mattar L, McNeil R (1998) The "flflowing" gas material balance. J Can Pet Tech 37 (02): 52-55. doi: 10. 2118/98-02-06.

[37] Medeiros F et al (2007) Pressure-transient performances of hydraulically fractured horizontal wells in locally and globally naturally fractured formations. Paper presented at the international petroleum technology conference, Dubai, UAE, 4-6 Dec. doi: 10. 2523/11781-MS.

[38] Medeiros F et al (2008) Productivity and drainage area of fracture horizontal wells in tight gas reservoirs. SPE Res Eval Eng 11 (5): 902-911. doi: 10. 2118/108110-PA.

[39] Mukherjee H et al (1991) Extension of fractured decline curve analysis to fifissured formations. Paper presented at the low-permeability reservoirs symposium, Denver, Colorado, 15-17 April 1991. doi: 10. 2118/21872-MS.

[40] Nelson B et al (2014) Predicting long-term production behavior of the Marcellus shale. Paper presented at the SPE western North American and Rocky mountain joint meeting, Denver, Colorado, 17-18 April 2014. doi: 10. 2118/169489-MS.

[41] Nobakht M et al (2012) New type curves for analyzing horizontal well with multiple fractures in shale gas reservoirs. J Nat Gas Sci Eng 10: 99-112. doi: 10. 1016/j. jngse. 2012. 09. 002.

[42] Nolte KG (1979) Determination of fracture parameters from fracturing pressure decline. Paper presented at the SPE annual technical conference and exhibition, Las Vegas, Nevada, 23-26 Sept 1979. doi: 10. 2118/8341-MS.

[43] Nolte KG (1986) A general analysis of fracturing pressure decline with application to three models. SPE Form Eval 1 (6): 571-583. doi: 10. 2118/12941-PA.

[44] Nolte KG (1988) Principles for fracture design based on pressure analysis. SPE Prod Eng 3 (1): 22- 30. doi: 10. 2118/10911-PA.

[45] Nolte KG (1997) Background for after-closure analysis of fracture calibration Tests. Unsolicite companion paper to SPE 38676.

[46] Nolte KG et al (1997) After-closure analysis of fracture calibration tests. Paper presented at th SPE annual technical conference and exhibition, San Antonio, Texas, 5-8 Oct 1997.

[47] Ozkan E et al (2011) Comparison of fractured-horizontal-well performance in tight sand and shale reservoirs. SPE Res Eval Eng 14 (2): 248-259. doi: 10. 2118/121290-PA.

[48] Palacio JC, Blasingame TA (1993) Decline-curve analysis using type curves—analysis of gas well production data. Paper presented at the SPE joint Rocky mountain regional and low permeability reservoirs symposium, Denver, Colorado, 26-28 April 1993.

[49] Pedrosa OA (1986) Pressure transient response in stress-sensitive formations. Paper presented at the SPE California regional meeting, Oakland, California, 2-4 April 1986. doi: 10. 2118/15115-MS.

[50] Raghavan R, Chin LY (2004) Productivity changes in reservoirs with stress-dependent permeability. SPE Res Eval Eng 7 (04): 308-315. doi: 10.2118/88870-PA.

[51] Raghavan RS et al (1997) An analysis of horizontal wells intercepted by multiple fractures. Soc Pet Eng J 2 (3): 235-245. doi: 10.2118/27652-PA.

[52] Rana S, Ertekin T (2012) Type curves for pressure transient analysis of composite double-porosity gas reservoirs. Presented at the SPE western regional meeting, Bakersfifield, California, 19-23 March 2012. doi: 10.2118/153889-M.

[53] Soliman MY et al (2005) After-closure analysis to determine formation permeability, reservoir pressure, and residual fracture properties. Paper presented at the SPE annual technical conference and exhibition, New Orleans, Louisiana, 4-7 Oct 2005. doi: 10.2118/124135-MS.

[54] Talley GR et al (1999) Field application of after-closure analysis of fracture calibration tests. Paper presented at the SPE mid-continent operations symposium, Oklahoma City, Oklahoma, 28-31 March 1999. doi: 10.2118/52220-MS.

[55] Tran D et al (2005) An overview of iterative coupling between geomechanical deformation and reservoir flflow. Paper presented at the SPE international thermal operations and heavy oil symposium, Calgary, Alberta, 1-3 Nov 2005.

[56] Valko PP (2009) Assigning value to stimulation in the Barnett shale: a simultaneous analysis of 7000 plus production histories and well completion records. Paper presented at the SPE hydraulic fracturing technology conference, Woodlands, Texas, 19-21 Jan 2009. doi: 10.2118/119369-MS.

[57] Valko PP, Lee WJ (2010) A better way to forecast production from unconventional gas wells. Paper presented at the SPE annual technical conference and exhibition, Florence, Italy, 19-22 Sept 2010. doi: 10.2118/134231-MS.

[58] Wu Y-S et al (2012) Transient pressure analysis of gas wells in unconventional reservoirs. Paper presented at the SPE Saudi Arabia section technical symposium and exhibition, Al-Khobar, Saudi Arabia, 8-11 April 2012. doi: 10.2118/160889-MS.

[59] Yeager BB, Meyer BR (2010) injection/fall-off testing in the Marcellus shale: using knowledge to improve operational effificiency. Paper presented at the SPE eastern regional meeting Morgantown, West Virginia, 13-15 Oct 2010. doi: 10.2118/139067-MS.

第5章 技术发展趋势

5.1 引言

在过去的10年里，页岩气资源因其为世界提供巨大能源的潜力而受到了极大的关注。然而，与世界储量相比，页岩气产量仍然很少，而且主要集中在北美地区。除此之外，为了增加全世界页岩气的产量，还需要对现有的技术进行一定的改进。本章介绍了两种技术改进方法，其中一种是向页岩储层注入 CO_2。由于生产数年后产量迅速递减，采用 CO_2 注入提高采收率技术引起了人们的关注。此外，由于页岩对 CO_2 吸附作用大于 CH_4，页岩储层中的 CO_2 埋存也引起了广泛关注。另一种技术是复杂结构井。在利用水力压裂技术开发页岩储层时，人们越来越担心其对环境的潜在影响。由于裂缝随时间的闭合效应和裂缝扩展的不确定性及对地应力认识不足，压裂井还表现出产能下降的问题。复杂结构井可以解决这些问题。复杂结构井被定义为具有一个或多个分支连接在主井筒上的井，主井筒将流体输送到地面或从地面输送到地层。复杂结构井的主要优点是提高生产效率并降低开发成本。

5.2 CO_2 强化采气

近些年，整个北美和世界的页岩资源供应迅速增加。然而，页岩气井经过几年的生产后，产量迅速下降。因此，最近关于提高页岩气采收率的研究引起广泛的关注。在页岩储层中，甲烷（CH_4）被吸附在基质颗粒或天然裂缝面的表面上，并作为游离气体储存在基质和裂缝孔中（Kang 等，2011）。相关研究表明，在地层条件下，页岩储层对二氧化碳（CO_2）的吸附作用大于 CH_4，并且优先吸附效应取决于有机物的热成熟度（Busch 等，2008；Shi 和 Durucan，2008）。此外，在页岩气储层中注入 CO_2 非常重要，不仅可以提高 CH_4 的产量，还可以有效封存 CO_2。页岩储层对 CO_2 的优先吸附性可以有效置换最初存在的 CH_4 并吸附注入页岩储层中的 CO_2。CO_2 也可以以自由态的形式封存在一部分的页岩孔隙体积中，特别是在水力压裂改造过的区域。

尽管向页岩气储层中注入 CO_2 的技术尚未商业化，但一些研究人员已经对此问题进行了研究（Schepers 等，2009；Godec 等，2013；Eshkalak 等，2014；Liu 等，2013；Fathi 和 Akkutlu，2013；Jiang 等，2014；Yu 等，2014a）。相关研究已经探索了 CO_2 注入中泥盆统和上泥盆统黑色页岩中的可行性（Schepers 等，2009）。Schepers 等（2009）研究了 Kentucky 东部泥盆纪页岩气藏模型及历史拟合和相应的 CO_2 提高采收率及埋存的潜力。通过自动历史拟合使模型产量与历史数据相符。最后，回顾了几种 CO_2 注入方式，包括 CO_2 吞吐和连续注入 CO_2，并评估 CO_2 提高采收率潜力及 CO_2 在这些页岩储层中的埋存潜力。研究指出连续注入 CO_2 有望取得成功，在一个半月的时间内注入300t 的 CO_2，同时伴随着产量显著增加的迹象。此外，基于模型所考虑的厚度，注入 CO_2 的一半被有效封存。然而，对于该页岩气藏而言，吞吐开发并不是最佳的选择，因为在焖井结束后的生产期大量 CO_2 快速被采出导致提高采收率效果并不明显，即使延长焖井时间也不能有效提高采收率。

Liu 等（2013）研究了泥盆纪和 Mississippian 新奥尔巴尼页岩气藏中 CO_2 封存的可行性，主要包括注入能力、封存能力、封存效果及其对 CH_4 生产的影响。研究指出超过 95% 的注入 CO_2 被有效封存，优先吸附是主要的封存机制。通过使用光学、核磁和岩石物理等技术的微尺度研究也得出了相似的结论：页岩有机质中存在丰富的纳米级孔隙，CO_2 吸附封存于其中。

Fathi 和 Akkutlu（2013）提出了基于 Maxwell-Stefan 公式的新数学模型，用于模拟页岩储层中 CO_2 和 CH_4 的多组分运移。该方法考虑了在 CO_2 注入期间页岩有机微孔中的竞争运移及吸附。该研究的重点是基于一种新的动力学方法建立了一种新的三孔单渗模型，用于描述从有机微孔表面解吸释放的气体运移到无机大孔和裂缝。结果表明，吸附态气体分子在微孔的表面扩散是 CO_2 提高采收率过程中重要的运移机制，因为它会引起重要的逆流扩散和竞争吸附效应。

尽管针对该技术开展了相关研究，但 CO_2 注入页岩中仍处于初级阶段，因此需要更精确的数值模型模拟页岩储层中注入 CO_2。Kim 等（2015）使用来自 Barnett 页岩的气井数据，以便于更准确地模拟页岩储层。基于现场数据，通过历史拟合得到了页岩气藏及裂缝特性参数用于 CO_2 注入的模拟。基于气藏及裂缝特性参数，就 CO_2 有效注入策略进行了系统的模拟研究，并对 CO_2 封存及提高采收率进行敏感性分析，以分别研究控制 CO_2 提高采收率过程和 CO_2 封存过程中的关键参数。在下一节中，我们将详细介绍这项工作，以便于更好地理解 CO_2 注入页岩中的基本机制从而有效设计注入方案以提高 CH_4 的采收率和 CO_2 的有效封存量。

在地层中封存 CO_2 的常规捕集机制为溶解、滞后和矿物捕获，但在页岩储层中，由于 CO_2 与有机页岩的亲和性，吸附捕集是 CO_2 在页岩储层中封存的主要机制。为了描述模型中的多组分竞争吸附，扩展的 Langmuir 等温模型已被证实能合理地表征 CH_4 和 CO_2 二元气体吸附的相关性，如下所示（Arri 等，1992；Hall 等，1994）：

$$\omega_i = \frac{\omega_{i,\max} B_i y_{ig} p}{1 + p \sum_j B_j y_{jg}} \tag{5.1}$$

式中：ω_i 为每单位质量岩石吸附组分 i 的物质的量，mol；$\omega_{i,\max}$ 为每单位质量岩石吸附组分 i 的最大物质的量，mol；，B_i 为 Langmuir 等温模型的参数；y_{ig} 为组分 i 在气相中的摩尔分数；p 为压力。

Henry 定律通过气体溶解度有效表征溶解封存。根据 Henry 定律计算储层流体中组分 i 的溶解度（Li 和 Nghiem，1986）：

$$y_{iw} H_i = f_{iw} \tag{5.2}$$

式中：y_{iw} 为组分 i 在水相中的摩尔分数；H_i 为组分 i 的 Henry 常数；f_{iw} 为组分 i 在水相中的逸度。假设水相和气相处于热力学平衡，则 f_{iw} 等于组分 i 在气相中的逸度 f_{ig}，根据 PR 状态方程（1976）计算得到 f_{ig}。Henry 常数 H_i 由式（5.3）计算（Stumm 和 Morgan，1996）：

$$\ln H_i = \ln H_i^* + \frac{\overline{V}_i(p - p^*)}{RT} \tag{5.3}$$

式中：H_i^* 为组分 i 在参考压力 p^* 下的 Henry 常数；V_i 为组分 i 的偏摩尔体积，p^* 为参考压力；R 为通用气体常数；T 为温度。

由于页岩基质的超低渗透性，气体在储层中的扩散非常重要。特别是当 CO_2 被注入储层时，需考虑 CH_4 和 CO_2 之间的分子扩散对封存的影响。Sigmund（1976a，1976b）对各种气体进行了实验以研究二元扩散系数。根据实验结果，通过拟合实验数据获得到以下多项式：

$$D_{ij} = \frac{\rho^0 D_{ij}^0}{\rho}(0.99589 + 0.096016\rho_r - 0.22035\rho_r^2 + 0.32874\rho_r^3) \tag{5.4}$$

式中：D_{ij}为混合物中组分 i 和组分 j 之间的二元扩散系数；$\rho_0 D_{ij}^0$为压力趋于零时密度—扩散系数的乘积；ρ 为扩散混合物的摩尔密度；ρ_r 为折算密度。根据上述二元扩散系数关系式，混合物中组分 i 的扩散系数可以根据如下关系式进行计算得到：

$$D_i = \frac{1 - y_i}{\sum_{j \neq i} y_i D_{ij}^{-1}} \tag{5.5}$$

其中 D_i 是混合物中组分 i 的扩散系数，y_i 是组分 i 的摩尔分数。基于该关系式，模拟计算了 CH_4 和 CO_2 之间的竞争扩散。

相关研究表明，线弹性模型不能有效地描述页岩气藏应力敏感效应（Li 和 Ghassemi，2012；Hosseini，2013）。同时，为了考虑储层导流能力的变化，在一些研究中提出了压力依赖渗透率（Pedrosa，1986；Raghavan 和 Chin，2004；Cho 等，2013）。因此，页岩储层的变形通过应力依赖相关性与线弹性模型相结合的方式来建模。指数关系式［式（2.36）和式（2.37）］用于校正应力依赖的孔隙度和渗透率。实验系数取值基于 Cho 等（2013）的研究。为了分析页岩气藏注入 CO_2 的实际效果，基于历史拟合建立了页岩气藏数值模型。基于 Anderson 等（2010）文章中的 Barnett 页岩现场数据进行历史拟合。为了提高计算效率，截取历史拟合后数值模型的一部分用于模拟研究。该模型包含两口水力压裂水平井（图 5.1）。模型大小为 330ft×510ft×330ft。在该模型中，双重孔隙度、双重渗透模型被用于表征页岩气藏基质和天然裂缝系统。水平井位于储层中心，同时水力裂缝位于每口井的中心。局部网格加密（LGR）技术通过细小网格模拟水力裂缝。水力裂缝的高度与储层厚度一样，水力裂缝纵向上穿透储层。假设水力裂缝的性质沿裂缝方向是恒定的并且具有有限导流能力。通过指数相关式耦合线弹性模型研究地质力学的影响。在模拟场景中，首先 2 口水平井持续生产 5 年，然后井 2 转注 CO_2，同时井 1 继续生产。5 年后，井 2 关闭，井 1 生产 40 年。

为了研究 CO_2 注入对提高采收率的影响，考虑 CO_2 注入及未考虑 CO_2 的模型的气体采收率如图 5.2 所示。图 5.2 表明，考虑 CO_2 注入及未考虑 CO_2 注入的采收率分别为 51.1% 和 38.7%，因此在生产结束时由 CO_2 注入引起的采收率增加了 12.4%。图 5.3 和图 5.4 展

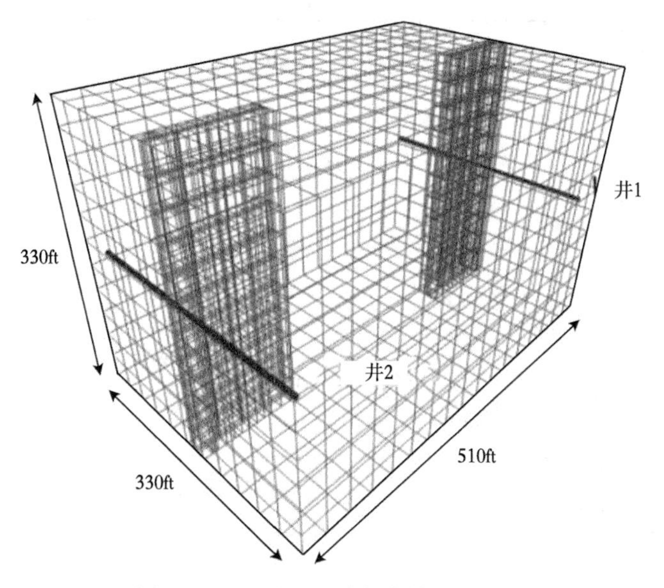

图 5.1 CO_2 注入页岩气藏模型示意图

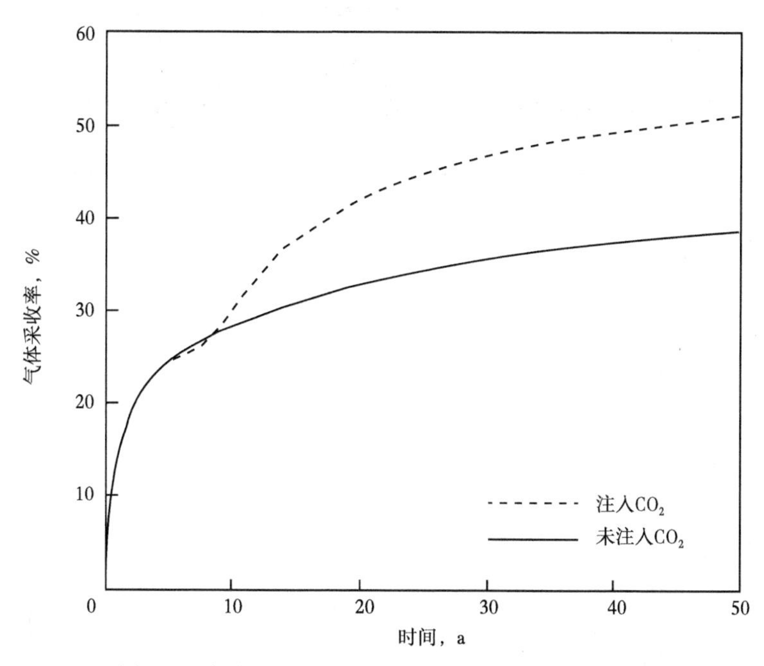

图 5.2 考虑及未考虑 CO_2 注入的模型的气体采收率

示了在井 1 中观察到的 CH_4 和 CO_2 累计产气量及产气量。图 5.3 表明，井 1 中约 98%的产出组分是 CH_4，只有约 2%的产出组分是 CO_2。在 CO_2 注入开始后约 1 年观察到由 CO_2 注入引起的 CH_4 产气量的增加。在注入 3 年后观察到 CO_2 突破，但 CO_2 的产气量极低。在图 5.4 中，CH_4 的生产峰值大约在注入停止后的 1 年，考虑 CO_2 注入的 CH_4 产气量是未考虑 CO_2 注入模型的 5 倍。

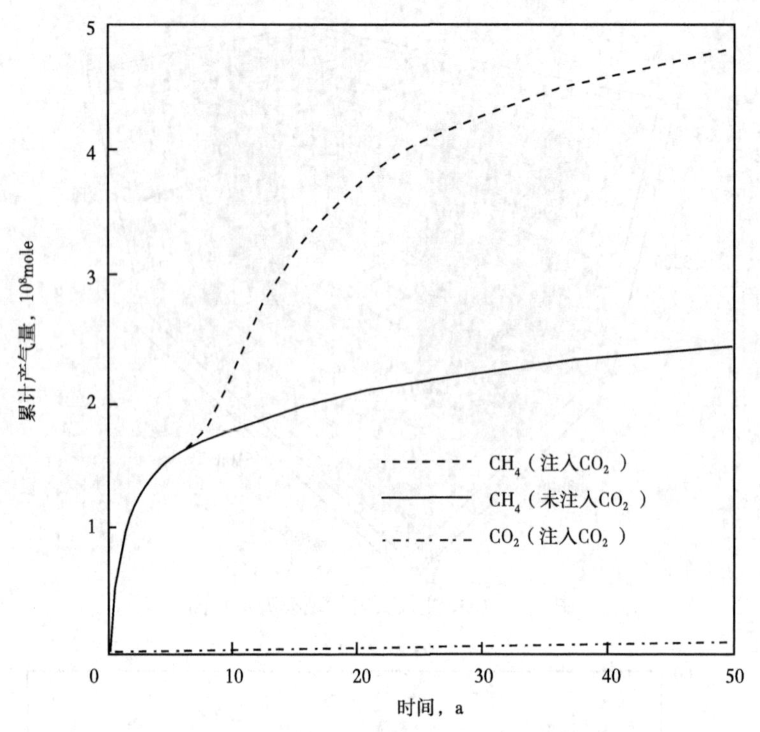

图 5.3　考虑及未考虑 CO_2 注入的模型中 CH_4 和 CO_2 的累计产气量

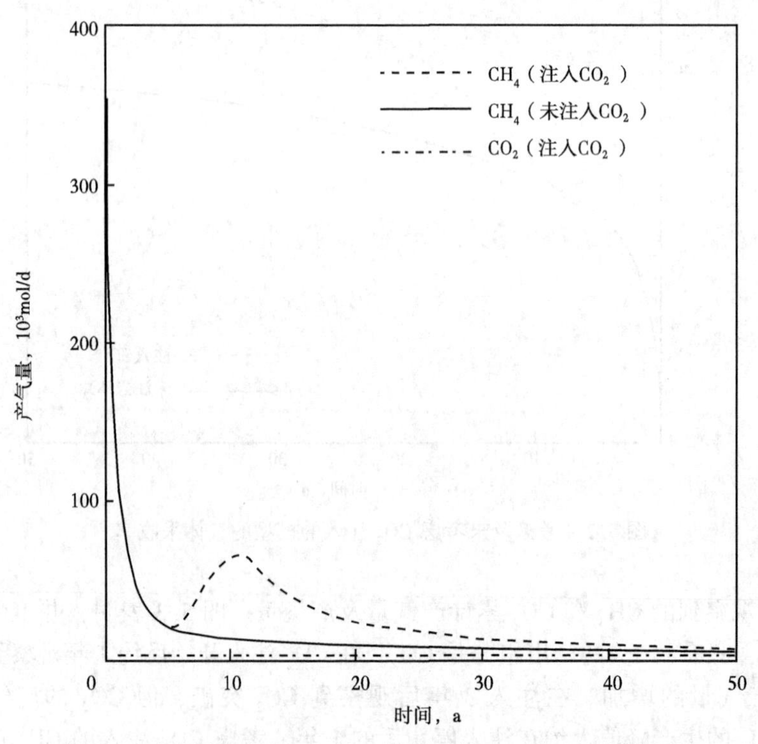

图 5.4　考虑及未考虑 CO_2 注入的模型的 CH_4 和 CO_2 的产气量

图 5.5 展示了页岩储层中注入、封存和生产的 CO_2 的物质的量（mol）。在图 5.5 中，约 96%的注入 CO_2 被封存在页岩储层中，在生产结束时约 4%的 CO_2 从生产井产出。图 5.6 展示了基于 CO_2 在储层中封存状态的分类，如超临界态、吸附态、溶解态和产出的 CO_2。封存在储层中的 CO_2 在生产结束时超临界态、吸附态和溶解态分别占比为 45.8%，46.5% 和 3.6%。在这些 CO_2 的封存状态中，超临界态是可移动的，但吸附态和溶解态是不可移动的，因为它们被捕获在基质表面和溶解在原生水中。在 CO_2 注入结束后，超临界 CO_2 的量高于吸附态 CO_2 的量。然而，随着时间的推移，超临界 CO_2 在储层中进行扩散，超临界 CO_2 的量由于吸附和溶解捕集的增加而减少。

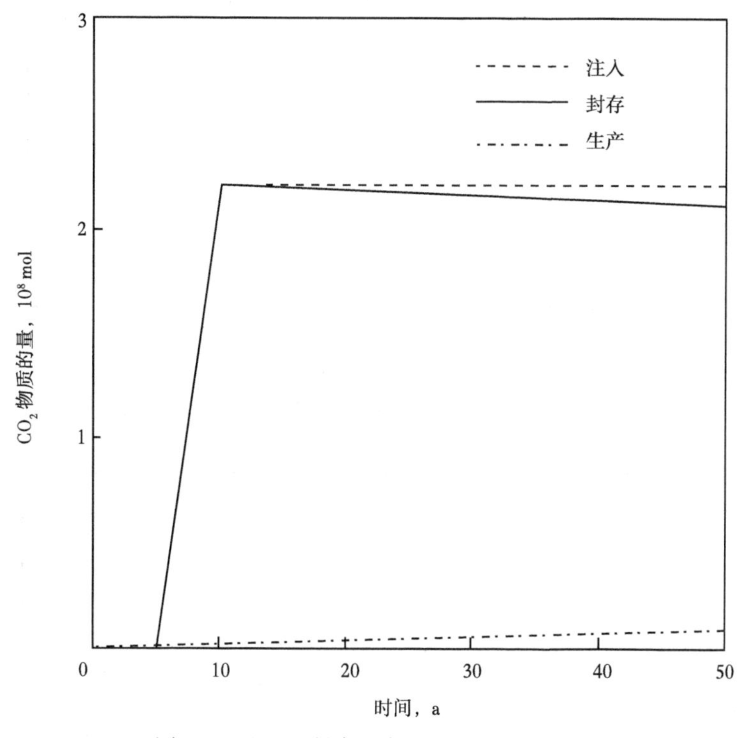

图 5.5　注入、封存和产出的 CO_2 物质的量

图 5.7 展示了在考虑和不考虑多组分吸附机理的情况下 CH_4 和 CO_2 的吸附物质的量（mol）。实线和虚线分别表示 CH_4 和 CO_2 吸附量。在没有多组分吸附的情况下，CO_2 注入仅对储层压力起到补给的效果，CO_2 不会吸附在页岩储层中。在具有多组分吸附的模型中，CH_4 的解吸通过与 CO_2 的优先吸附而被激活。根据实验室和理论计算，CO_2 与 CH_4 在页岩上吸附性比例高达 5:1（Nuttall，2010）。在图 5.7 中，具有多组分吸附的模型中 CH_4 的解吸量较高。图 5.8 展示了储层中 CO_2 吸附的示意图。图 5.8(a)(b)(c)分别表示 10 年、30 年和 50 年后每立方英尺 CO_2 的吸附量。注入停止后，生产仍持续 40 年，CO_2 运移到生产井，CO_2 的吸附也在储层中不断扩展。

在考虑和未考虑分子扩散机制的模型中，比较 CH_4 和 CO_2 的摩尔分数（图 5.9）。相应的数值是从图 5.10 所示的气藏模型中监测点 A 测量得到的。在图 5.9 中，实线和虚线分别

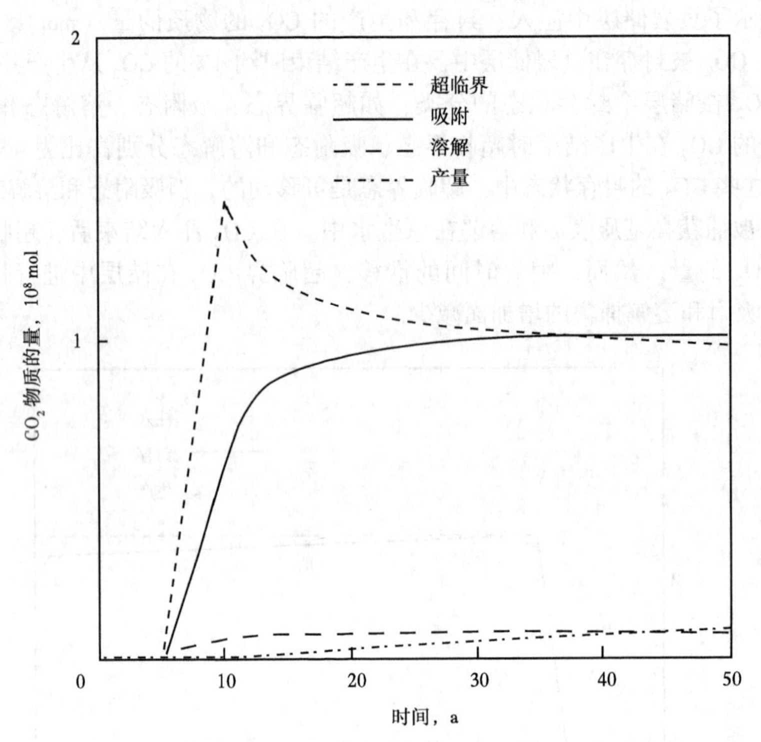

图 5.6 超临界态、吸附态、溶解态和产出的 CO_2 物质的量

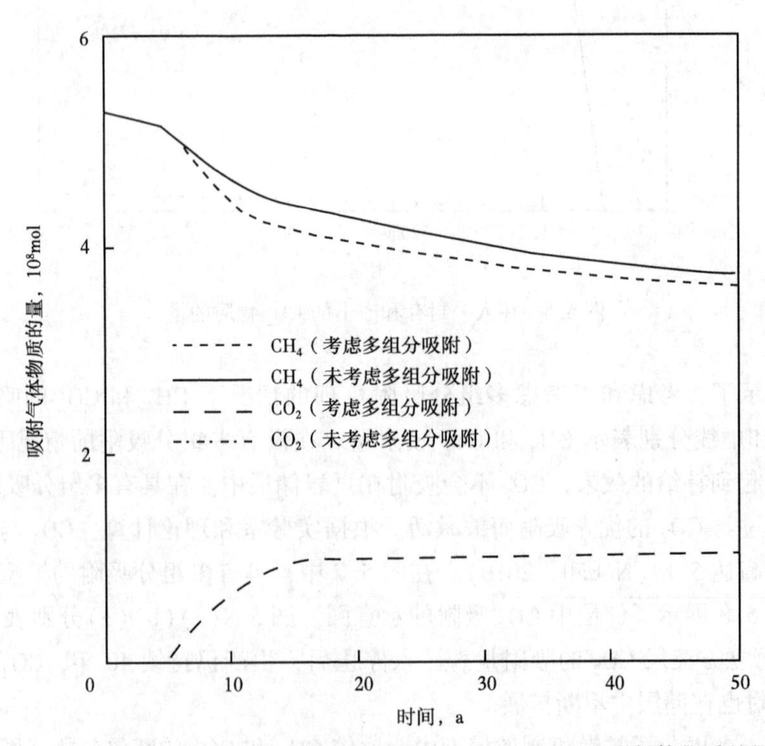

图 5.7 考虑和未考虑多组分吸附的模型中 CH_4 和 CO_2 的吸附气体物质的量

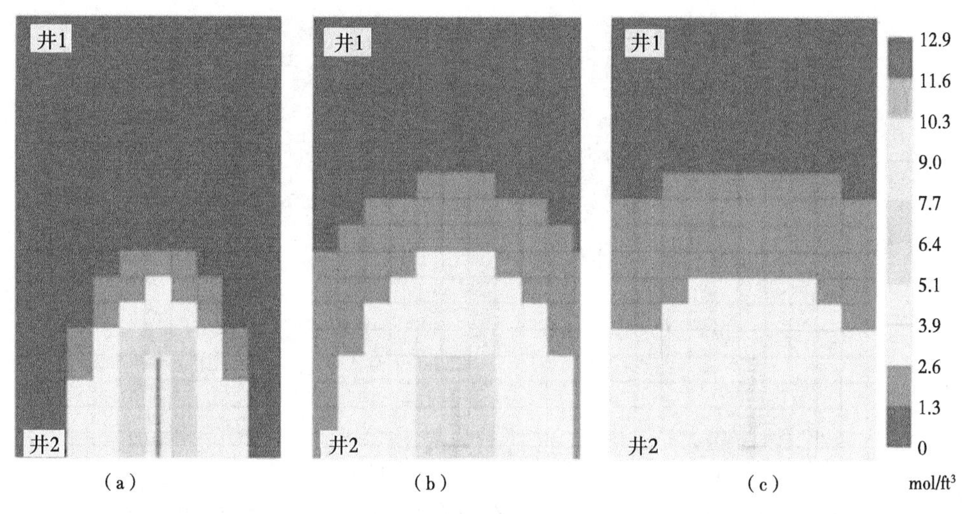

图 5.8　10 年（a）、30 年（b）和 50 年（c）吸附态 CO_2 分布示意图

表示 CH_4 和 CO_2 的摩尔分数。如图 5.9 所示，基于 Sigmund 相关性（1976a，1976b）的分子扩散效应，CH_4 的摩尔分数减少了约 10%，而 CO_2 的摩尔分数增加约 10%。图 5.10 还展示了生产结束时储层中 CH_4 摩尔分数的示意图。与图 5.10（b）相比，图 5.10（a）展示了考虑分子扩散效应的情形下，储层中的 CO_2 分布更为广泛。由于页岩储层的超低渗透率，扩散效应高于常规储层，因此在 CO_2 注入页岩储层模型中应考虑扩散效应。

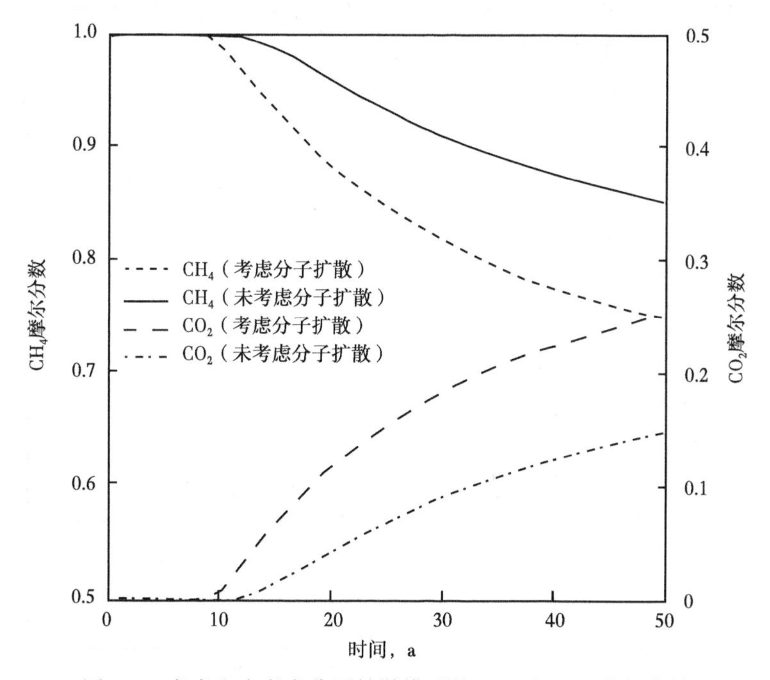

图 5.9　考虑和未考虑分子扩散模型的 CH_4 和 CO_2 摩尔分数

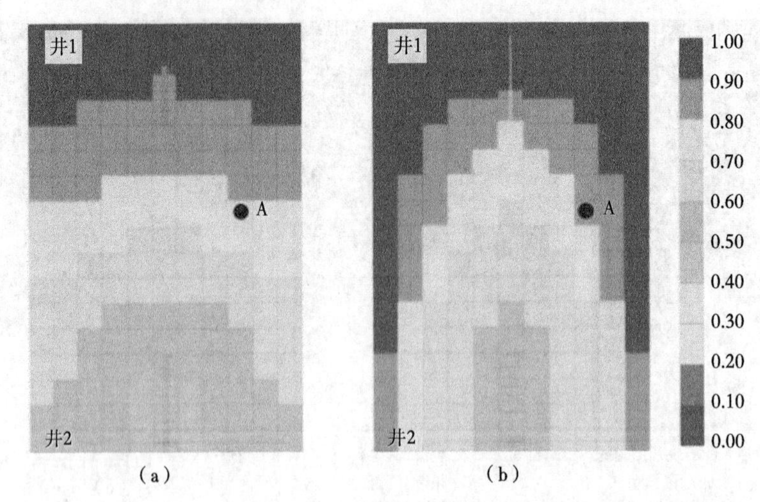

图 5.10　考虑(a)和未考虑(b)分子扩散在生产结束时的 CH_4 摩尔分数

地质力学效应在页岩储层中也很重要(Cho 等，2013)。为了表征地质力学效应，通过应力相关的孔隙度和渗透率耦合线弹性模型建立气藏模型。指数相关式用于计算应力相关的气藏属性。图 5.11 展示了考虑和未考虑 CO_2 注入的模型中天然裂缝渗透率的变化。在前 5 年，由于生产过程中压力的降低，渗透率迅速下降。开始注入后，天然裂缝渗透率增加直到注入井关闭，并再次减少。由于注入 CO_2 引起的压力补给效应，地层平均压力增加，如图 5.12 所示，此时应力依赖渗透率也增加。由地质力学模型引起的孔隙度和渗透率的增加对页岩储层中的 CO_2 注入具有积极影响。

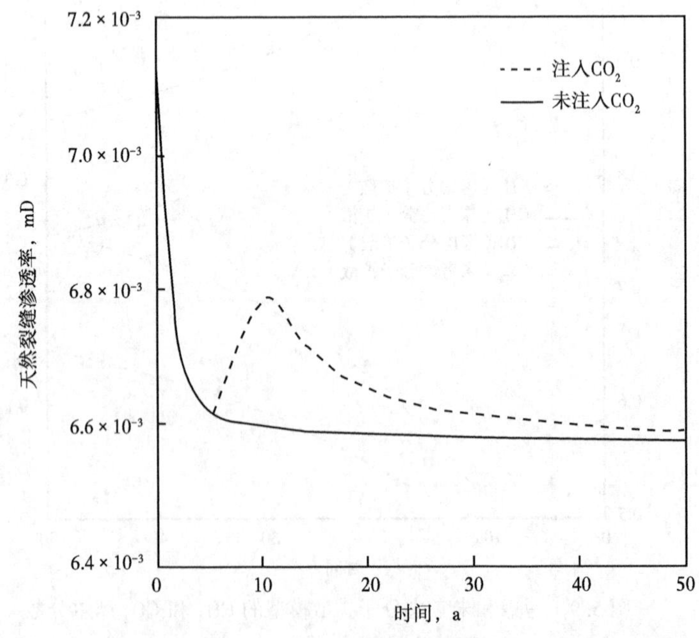

图 5.11　考虑和未考虑 CO_2 注入的模型的天然裂缝渗透率变化规律

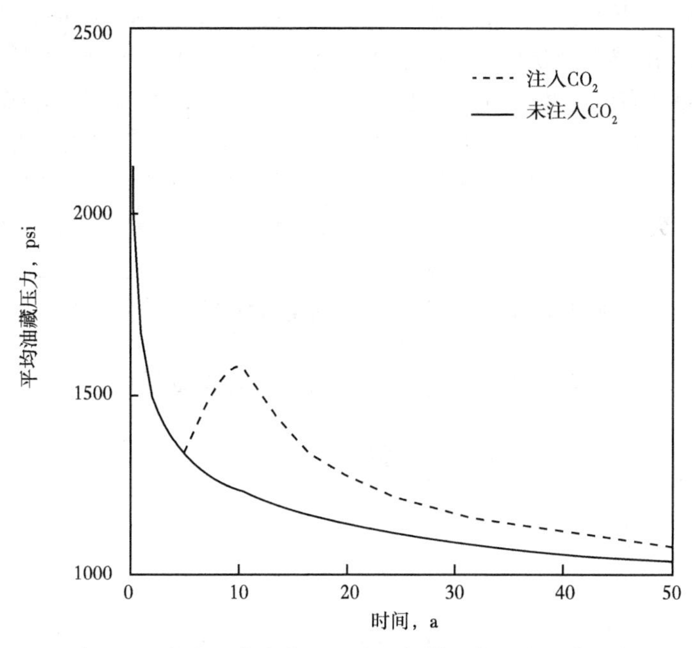

图 5.12　考虑和未考虑 CO_2 注入的模型的平均油藏压力

由于页岩储层和裂缝性质的不确定性，页岩气藏显示出很高的不确定性。尽管对 CO_2—EGR 进行了相关敏感性研究（Kalantari-Dahaghi，2010；Jiang 等，2014；Yu 等，2014a），但在页岩储层中封存 CO_2 并未得到明确的研究结果。在相关研究中，对 CH_4 的采收率和 CO_2 的封存效果进行了敏感性分析。特别是在封存的 CO_2 中，吸附态和溶解态是稳定的赋存状态，因为捕获的 CO_2 被吸附在基质表面和溶解在原生水中，它们对于 CO_2 封存的稳定性起到重要的作用。因此，需对捕获的 CO_2 进行敏感性分析。图 5.13 至图 5.15 展示了以 CH_4 的累计产量、储层中 CO_2 封存量及 CO_2 捕获量为目标函数的敏感性分析结果。在敏感性分析中，所选取的不确定参数为基质和天然裂缝的孔隙度，基质、天然裂缝和水

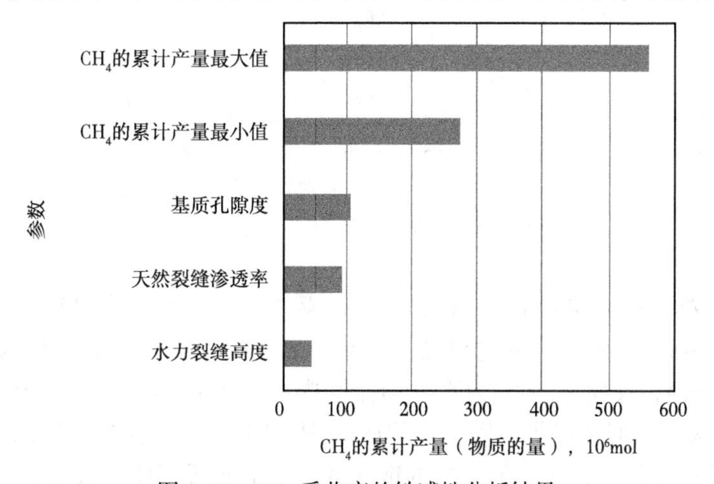

图 5.13　CH_4 采收率的敏感性分析结果

力裂缝渗透率、水力裂缝高度、水力裂缝半长、Langmuir 体积和 Langmuir 压力。在图 5.13 至图 5.15 中给出了敏感性分析中较为敏感的参数。对于 CO_2—EGR，基质孔隙度、天然裂缝渗透率和水力裂缝高度是相当重要的参数。它表明 EGR 的影响随着裂缝导流能力的增加而增加。另外，对于 CO_2 封存，与 EGR 的结果相比，参数不确定性对封存效果的影响相对较小。在这种情况下，水力压裂裂缝半长是最重要和最主要的参数。对于 CO_2 捕获，Langmuir 常数是主要参数。因此，在页岩储层中注入 CO_2 时，需主要考虑这些参数的影响。

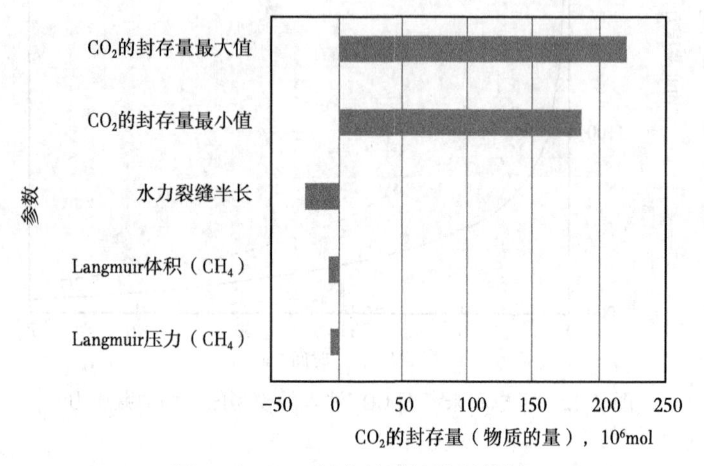

图 5.14　CO_2 封存敏感性分析结果

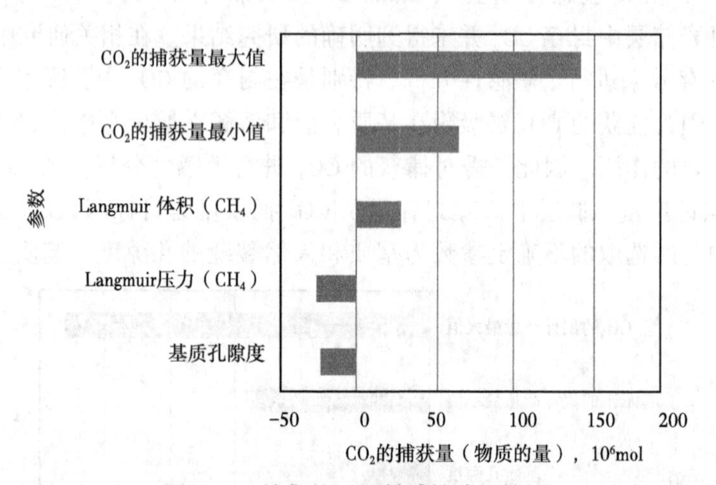

图 5.15　捕集的 CO_2 敏感性分析结果

最近，与页岩气藏提高采收率一样，页岩油藏中的提高采收率（EOR）也受到广泛关注。Tovar 等（2014）展示了在渗透率极低的储层岩心样品中使用 CO_2 作为 EOR 试剂的实验结果。该研究表明，CO_2 有望成为页岩油储层中提高采收率的有效试剂，预测的原油采收率为 18%~55%。他们也提供了实验过程的详细说明。对 X 射线计算机断层扫描图像的分析显示，由于 CO_2 注入，页岩岩心内的饱和度发生了显著变化。Chen 等（2014）、Yu 等（2014b）以及 Wan 和 Sheng（2015）提出了页岩油藏提采的模拟研究。尽管已经开展了这些相关研究，但对页岩储层中 EGR 和 EOR 的研究仍然匮乏。在未来，为了页岩油气的稳定生产，需要对该领域进行更多的深入研究。

5.3 复杂结构井

尽管普遍认为大量油气资源被存储在这些非常规储层中，但对于当前的技术来说，如何高效经济开发这些非常规能源仍是巨大的挑战。这与缺乏对这些系统复杂性的深入认识相关，同时相关数学及分析技术的滞后也是导致目前现状的原因。现有的生产技术，如水力压裂技术，被大量用于页岩和致密储层的开发，现在水力压裂对环境的潜在影响已经引起人们越来越多地担忧（Enyioha 和 Ertekin，2014）。此外，由于缺乏对地层应力的了解，水力压裂后的生产井数据资料显示出了由于裂缝随时间的闭合和裂缝扩展的不确定性而导致的生产效率的下降。因此，需努力为现场开发提供更有效的替代技术。

复杂结构井（或多分支井）被定义为具有一个或多个分支的井，该分支连接在母井井筒上，母井将地下流体输送至地面或从地面向地下输送流体。水平井技术和多分支鱼骨井技术提供了显著的杠杆作用，弥补了传统的垂直井无法有效维持盈利性开发的状况（Bukhamseen，2014）。这些复杂结构井的主要优点是提高井的生产效率并降低了油田的开发成本。相较于传统直井，由于较大的油藏接触面积，多分支井产能较高（Charlez 和 Breant，1999）。这些井不仅产能较高，由于生产层内的分支位置提供了与气顶和水体的足够距离，因此它们能有效减轻或防止气顶和水体的锥进来提供更好的波及效率。此外，由于分支井的扩展范围扩大，可以开采更多的储量，从而形成更大的泄油面积。因此，可以用较少数量的井开发大型油田，由此，多分支井可以减少钻井和地面设施建设作业的时间和成本（Ismail 和 El-Khatib，1996）。这些复杂结构井还通过消除对多个钻井位的需要而减少对地表的占用面积，同时仍然可以增大储层接触面积。

多年来，复杂结构井已经得到广泛的现场应用。Joshi（2000）的研究指出，在加拿大 Saskatchewan 钻探了 700 多口多分支井。相较于单分支井，Stalder 等（2001）指出，复杂结构井能得到更高的采收率，因为同时从多个目标层生产的能力而获得额外的杠杆作用，从而有效延缓了产能下降的速率并使得该井能在较长周期内生产。各种形式的多分支井，如堆叠双分支井、鸥翼多分支井、乌鸦脚三分支井、干草叉双分支井和鱼骨刺井，在现场都得到了广泛应用。图 5.16 展示了两个相邻的油层，它是由堆叠的双分支井、鸥翼多分支井和鱼骨刺多分支井组合开发。

在沙特阿拉伯的 Shaybah 油田也部署了复杂结构井（Saleri 等，2004）。作为一个先导性项目，鱼骨刺井（SHYB-220）钻了 8 个分支，累计油藏接触范围为 12.3km（图 5.17）。SHYB-220 的生产测试表明生产指数为 126bbl/(d · psi)，与类似储层（10mD）的 1km 水平完井产能相比，增加了近 6 倍。此外，单位开发成本降低了 4 倍。复杂结构井特别适用于储层较薄，砂体比较离散和非常规储层的开发。与其他井设计方案相比，复杂结构井毫不逊色。

Yu 等（2009）指出使用鱼骨井和水力压裂开发的净现值基本一致。他们发现这两种类型的井可以产生相当的净现值。研究指出，随着钻井技术的发展，使用分支数量增加的鱼骨井将比利用水利压裂开发致密气田更有利。

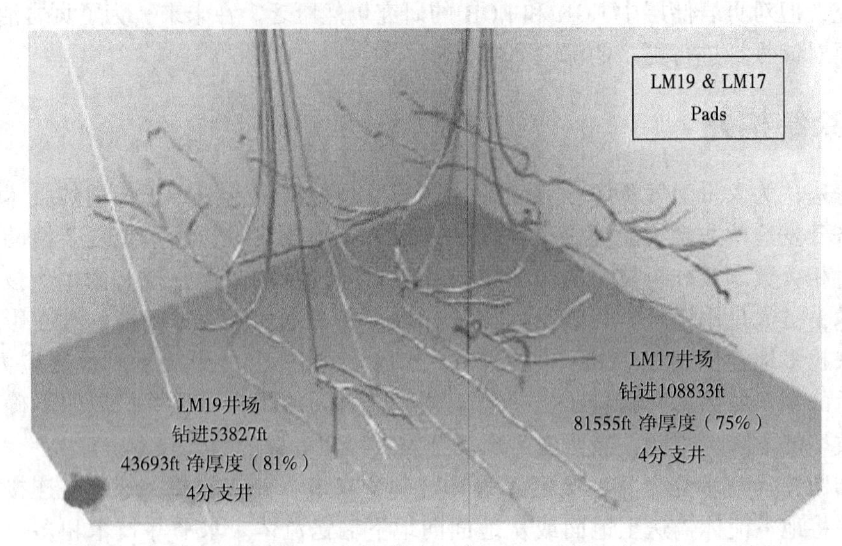

图 5.16　两个相邻的区块由堆叠的双分支井、鸥翼多分支井和鱼骨刺多分支井组合开发（据 Stalder 等，2001）

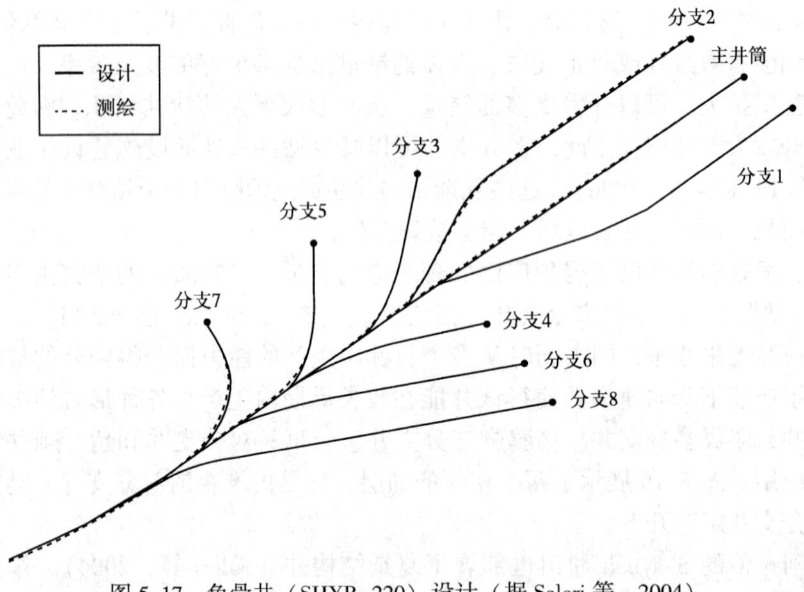

图 5.17　鱼骨井（SHYB-220）设计（据 Saleri 等，2004）

Enyioha 和 Ertekin（2014）对复杂结构井模型进行了模拟研究，以预测非常规油藏的生产能力。Enyioha 和 Ertekin（2014）提出了一套基于人工神经网络框架的向前作用和逆向作用预测模型，并应用于复杂结构井开发致密储层系统。向前作用模型预测产能的同时，逆向作用模型生成能够满足所需累计产量的井设计。图 5.18 分别展示了数值模型和人工智能模型预测的产油、产水、产气及井底流压。

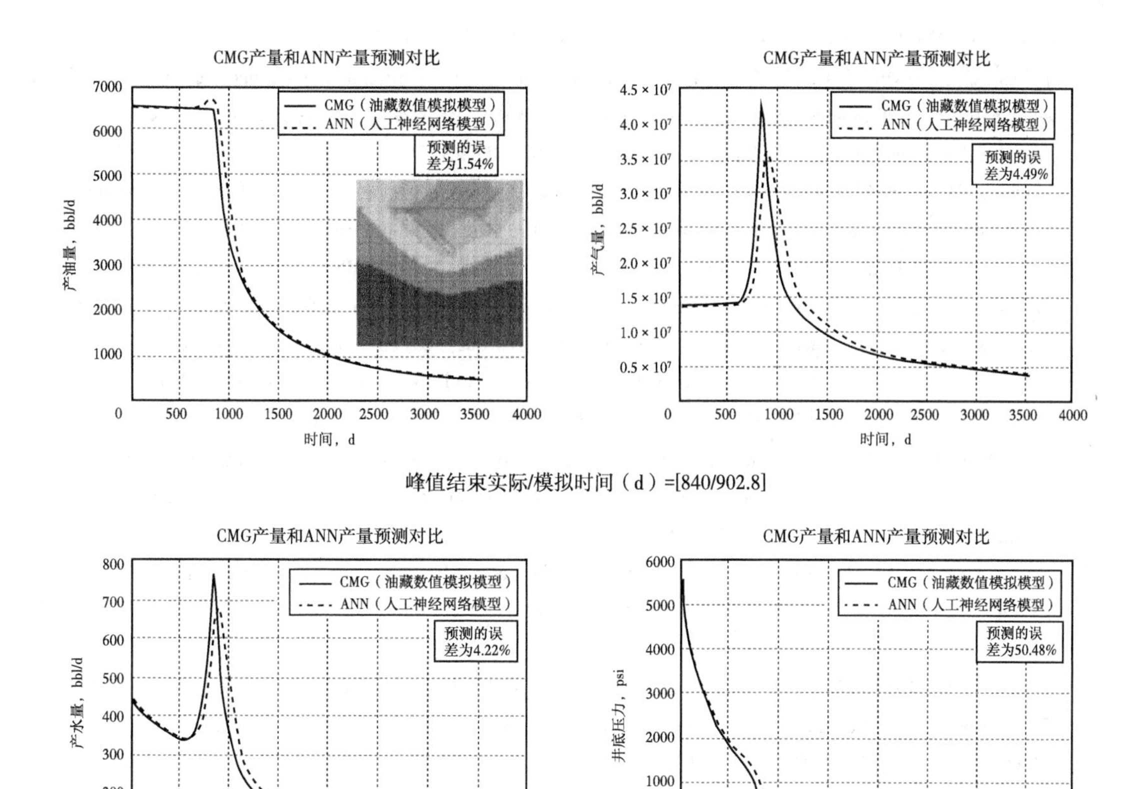

图 5.18 数值模型和人工神经网络模型中鱼骨井的产能和井底井压力（据 Enyioha 和 Ertekin，2014）

参考文献

[1] Anderson D et al (2010) Analysis of production data from fractured shale gas wells. Soc Pet Eng J 15 (01): 64-75. doi: 10.2118/115514-PA.

[2] Arri LE et al (1992) Modeling coalbed methane production with binary gas sorption. Paper presented SPE rocky regional meeting. Casper, Wyoming, 18-21 May 1992. doi: 10.2118/24363-MS.

[3] Bukhamseen I (2014) Artificial expert systems for rate transient analysis of fifishbone wells completed in shale gas reservoirs. Dissertation, The Pennsylvania State University, USA.

[4] Busch A et al (2008) Carbon dioxide storage potential of shales. Int J Greenh Gas Con 2 (3): 297- 308. doi: 10.1016/j. ijggc. 2008. 03. 003.

[5] Charlez PA, Breant P (1999) The multiple role of unconventional drilling technologies. Paper presented at the SPE European formation damage conference June. The Hague, Netherlands, 31 May-1 1999. doi: 10.2118/56405-MS.

[6] Chen C et al (2014) Effect of reservoir heterogeneity on primary recovery and CO_2 huff 'n' puff recovery in shale-oil reservoirs. SPE Res Eval Eng 17 (3): 404-413. doi: 10.2118/164553-PA.

[7] Cho Y et al (2013) Pressure-dependent natural-fracture permeability in shale and its effect on shale-gas well

production. SPE Res Eval Eng 16 (2): 216-228. doi: 10.2118/159801-PA.

[8] Enyioha C, Ertekin T (2014) Advanced well structures: an artificial intelligence approach to fifield deployment and performance prediction. Paper presented at the SPE intelligent energy conference & exhibition. Utrecht, The Netherlands, 1-3 April. doi: 10.2118/167870-MS.

[9] Eshkalak MO et al (2014) Enhanced gas recovery by CO_2 sequestration versus re-fracturing treatment in unconventional shale gas reservoirs. Paper presented at the Abu Dhabi international petroleum exhibition and conference. Abu Dhabi, UAE, 10-13 Nov 2014. doi: 10.2118/172083-MS.

[10] Fathi E, Akkutlu IY (2013) Multi-component gas transport and adsorption effects during CO_2 injection and enhanced shale gas recovery. Int J Coal Geol 123: 52-61. doi: 10.1016/j.coal.2013.07.021.

[11] Godec M et al (2013) Potential for enhanced gas recovery and CO_2 storage in the Marcellus shale in the Eastern United States. Int J Coal Geol 118: 95-104. doi: 10.1016/j.coal.2013.05.007.

[12] Hall FE et al (1994) Adsorption of pure methane, nitrogen, and carbon dioxide and their binary mixtures on wet Fruitland coal. Paper presented at the 1994 eastern regional conference & exhibition. Charleston, West Virginia, 8-10 Nov. doi: 10.2118/29194-MS.

[13] Hosseini SM (2013) On the linear elastic fracture mechanics application in Barnett shale hydraulic fracturing. Presented at the 47th U.S. rock mechanics/geomechanics symposium. San Francisco, California, 23-26 June 2013.

[14] Ismail G, El-Khatib H (1996) Multilateral horizontal drilling problems & solutions experiences offshore. Paper presented at the Abu Dhabi international petroleum exhibition and conference. Abu Dhabi, UAE, 13-16 Oct 1996. doi: 10.2118/36252-MS.

[15] Jiang J et al (2014) Development of a multi-continuum multi-component model for enhanced gas recovery and CO_2 storage in fractured shale gas reservoirs. Paper presented at the SPE improved oil recovery symposium, 12-16 April. Tulsa, Oklahoma. doi: 10.2118/169114-MS.

[16] Joshi S (2000) Horizontal and multi-lateral wells: performance analysis—an art or a science? J Can Pet Tech 39 (10): 19-23.

[17] Kalantari-Dahaghi A (2010) Numerical simulation and modeling of enhanced gas recovery and CO_2 sequestration in shale gas reservoirs: a Feasibility Study. Paper presented at the SPE international conference on CO_2 capture, storage, and utilization. New Orleans, Louisiana, 10-12 Nov 2010. doi: 10.2118/139701-MS.

[18] Kang SM et al (2011) Carbon dioxide storage capacity of organic-rich shales. Soc Pet Eng J 16 (04): 842-855. doi: 10.2118/134583-PA.

[19] Kim TH et al (2015) Modeling of CO_2 injection considering multi-component transport and geomechanical effect in shale gas reservoirs. Paper presented at the SPE/IATMI Asia Pacifific oil & gas conference and exhibition, Bali, 20-22 Oct 2015. http://dx.doi.org/10.2118/176174-MS.

[20] Li Y, Ghassemi A (2012) Creep behavior of Barnett, Haynesville, and Marcellus shale. Paper presented at the 46th U.S. rock mechanics/geomechanics symposium. Chicago, Ilinois. 24-27 June 2012.

[21] Li YK, Nghiem LX (1986) Phase equilibria of oil, gas and water/brine mixtures from a cubic equation of state and Henry's law. Can J Chem Eng 64 (3): 486-496. doi: 10.1002/cjce.5450640319.

[22] Liu F et al (2013) Assessing the feasibility of CO_2 storage in the new Albany Shale (Devonian-Mississippian) with potential enhanced gas recovery using reservoir simulation. Int J Greenh Gas Cont 17: 111-126. doi: 10.1016/j.ijggc.2013.04.018.

[23] Nuttall BC (2010) Reassessment of CO_2 sequestration capacity and enhanced gas recovery potential of middle and upper Devonian black shales in the Appalachian basin. In: MRCSP Phase II topical report, Kentucky

geological survey. Lexington, Kentucky, 2005 October-2010 October.

[24] Pedrosa OA (1986) Pressure transient response in stress-sensitive formations. Paper presented at the SPE California regional meeting. Oakland, California, 2-4 April 1986. doi: 10.2118/15115-MS.

[25] Peng DY, Robinson DB (1976) A new two-constant equation of state. Ind Eng Chem Fund 15 (1): 59-64. doi: 10.1021/i160057a011.

[26] Raghavan R, Chin LY (2004) Productivity changes in reservoirs with stress-dependent permeability. SPE Res Eval Eng 7 (04): 308-315. doi: 10.2118/88870-PA.

[27] Saleri NG et al (2004) Shaybah-220: a maximum-reservoir-contact (MRC) well and its implications for developing tight-facies reservoirs. SPE Res Eval Eng 7 (4): 316-321. doi: 10. 2118/81487-MS.

[28] Schepers KC et al (2009) Reservoir modeling and simulation of the Devonian gas shale of Eastern Kentucky for enhanced gas recovery and CO_2 storage. Paper presented at the SPE international conference on CO_2 capture, storage, and utilization. San Diego, California, 2-4 Nov. doi: 10. 2118/126620-MS.

[29] Shi JQ, Durucan S (2008) Modeling of mixed-gas adsorption and diffusion in coalbed reservoirs. Paper presented at the SPE unconventional reservoirs conference. Dallas, Texas, 10-12 Feb 2008. doi: 10.2118/114197-MS.

[30] Sigmund PM (1976a) Prediction of molecular diffusion at the reservoir conditions, part I-measurement and prediction of binary dense gas diffusion coeffificients. J Can Pet Tech 15 (2): 48-57. doi: 10.2118/76-02-05.

[31] Sigmund PM (1976b) Prediction of molecular diffusion at the reservoir conditions, part II- estimating the effects of molecular diffusion and convective mixing in multicomponent systems. J Can Pet Tech 15 (3): 53-62. doi: 10.2118/76-03-07.

[32] Stalder JL et al (2001) Multilateral-horizontal wells increase rate and lower cost per barrel in the Zuata fifield, Faja, Venezuela. Paper presented at the SPE international thermal operations and heavy oil symposium. Porlamar, Margarita Island, Venezuela, 12-14 Mar 2001. doi: 10.2118/ 69700-MS.

[33] Stumm W, Morgan JJ (1996) Aquatic chemistry: chemical equilibria and rates in natural waters, 3rd edn. Wiley, New York.

[34] Tovar FD et al (2014) Experimental investigation of enhanced recovery in unconventional liquid reservoirs using CO_2: a look ahead to the future of unconventional EOR. Paper presented at the SPE international conference on CO_2 capture, storage, and utilization, 10-12 Nov. New Orleans, Louisiana. doi: 10.2118/139701-MS.

[35] Wan T, Sheng J (2015) Compositional modelling of the diffusion effect on EOR process in fractured shale-oil reservoirs by gasflflooding. J Can Pet Tech 54 (2): 107-115. doi: 10.2118/ 2014-1891403-PA.

[36] Yu W et al (2014a) A sensitivity study of potential CO_2 injection for enhanced gas recovery in Barnett shale reservoirs. Paper presented at the SPE unconventional resources conference, Woodlands, Texas, 1-3 Apr 2014. doi: 10.2118/169012-MS.

[37] Yu W et al (2014b) Simulation study of CO_2 huff-n-puff process in Bakken tight oil reservoirs Paper presented at the SPE western north American and Rocky mountain joint meeting. Denver, Colorado, 17-18 Apr 2014. doi: 10.2118/169575-MS.

[38] Yu X et al (2009) A comparison between multi-fractured horizontal and fifishbone wells for development of low-permeability fifields. Paper presented at the Asia Pacifific oil and gas conference & exhibition. Jakarta, Indonesia, 4-6 Aug 2009. doi: 10.2118/120579-MS.

物理量符号释义

a　单个气体分子有效截面积［式（2.9）］

a　试验得到的支撑剂类型相关常数［式（2.32）］

a　试验系数［式（2.36）］

D_{i}　Duong 模型的截距

a_{LGM}　对数增长模型常数

A　经验性拟合常数［式（4.23）］

A　向裂缝系统供液的基质表面积的一半［式（4.38）］

A　被驱替面积［式（4.56）］

A_{SRV}　向裂缝系统供液的基质总表面积

b　Klinkenberg 参数

b　基于试验得到的支撑剂类型相关常数［式（2.32）］

b　试验系数［式（2.37）］

b　损失率的导数［式（4.19）］

b　平方根时间图版斜率［式（4.42）］

b_{k}　动态滑脱系数

b'_{pss}　气体标准化拟稳态方程的 y 轴截距（生产指数的倒数）

B　地层体积因子

B　经验性拟合常数［式（2.23）］

B_i　Langmuir 等温关系式参数

c　试验系数

c_{f}　地层压缩性系数

c_{g}　压缩性系数

c_{t}　综合压缩系数

$\bar{c}_{\mathrm{t}}$　平均油藏压力下综合压缩系数

C　吸附净热相关的常数

C_{A}　Dietz 形状因子

C_{L}　综合滤失系数

C　切向刚度张量

d　孔隙直径

d　试验系数［式（2.39）］

d_{tube}　圆管直径

D　深度

D　递减参数［式（4.19）］

$\frac{1}{D}$	损失率
D_i	Arp 的双曲模型的初始递减速度
D_i	混合物中组分 i 的扩散系数［式（5.4）］
D_{ij}	混合物中组分 i 与组分 j 间的二元扩散系数
D_k	Knudsen 扩散系数
D_1	递减参数在第一天（$t=1$）处截距
D_∞	时间无穷（$t=\infty$）时的递减参数
E	杨氏模量
E_1	第一层吸附热
E_L	第二层或更高层吸附热
f_{iw}	水相中组分 i 的逸度
F	滑脱系数
F_L	Nolte 闭合后线性时间函数
F_R	Nolte 闭合后径向时间函数
F	体力
g	中间变量
G	G 函数
G_c	闭合时 G 函数
G_i	原始天然气地质储量
G_p	累计产气量
h	净厚度
h_F	裂缝高度
h_{slit}	矩形狭缝高度
H_i	组分 Henry 常数
H_i^*	参考压力下组 i 分的 Henry 常数
J	质量流量或摩尔流量
K_{opp}	表观渗透率
K_b	Boltzmann 常数
K_d	达西渗透率或液相渗透率
K_{eff}	考虑吸附效应的有效渗透率
K_r	相对渗透率
K（p_{avg}）	平均压力下的气体渗透率
K	承载能力
Kn	Knudsen 数
L	介质长度
L	裂缝间距［式（4.40）］
m_{Dng}	Duong 模型的斜率

m_L	闭合后分析图版线性流动斜率
m_R	闭合后分析图版径向流动斜率
m_{sqr}	平方根时间图版中线性流动阶段直线段斜率
$m(p_{wf})$	井底流动拟压力
Δm	相对于初始拟压力的拟压力降
M	摩尔质量
n	最大吸附层数［式（2.10）］
n	指数［式（4.25）］
n	线性流或双线性流的一半或四分之一［式（4.29）］
n_{LGM}	对数增产模型的指数
N	Avogadro 常数（每摩尔的分子数，6.023×10^{23}）
N_i	每单位网格体积组分 i 的物质的量，mol
N_{n_c+1}	每单位网格体积水的物质的量，mol
p	压力
p_{avg}	平均压力
p_{cog}	油气毛细管力
p_{cwo}	油水毛细管力
p_L	Langmuir 压力
p_o	气体饱和压力
p_{wd}	无量纲井流压
p_{wf}	井流压
p_z	高于闭合压力的净裂缝扩展压力
p_1	上游压力
p_2	下游压力
p^*	参考压力
q	流速
q_{sc}	标况下的流速
q_1	第一天的流速
Q	累计产量
r	孔隙半径
r_{avg}	局部平均孔隙半径
r_m	标准化的分子半径大小
r_p	存储率
r_w	井筒半径
R	气体常数
S'	视表皮
S	比面积
S_{wr}	残余水饱和度

t 时间
t_c 闭合时间［式（4.8）］
t_c 物质平衡时间［式（4.45）］
t_{ca} 物质平衡拟时间
t_d 无量纲时间
t_{inj} 注入时间
t_p 截至到注入停止的时间
Δt 时间步
T 温度
T_j 相 j 的传导率
$\boldsymbol{u}$ 位移向量
v 表观速度
V 压力 p 下的气体吸附体积［式（2.5）］
V 网格体积［式（3.1）］
V_{inj} 注入体积
V_L 压力无穷时 Langmuir 体积或最大气体吸附体积
V_m 吸附质表面被完全单层覆盖时的最大气体吸附量
$\bar{V}_i$ 组分 i 的偏摩尔体积
w 宽度
x 裂缝长度［式（4.39）］
x 水平井长［式（4.40）］
x_f 裂缝半长
x_F 水力裂缝半长
y 油藏改造区的宽度
y_i 组分 i 的物质的量比例
y_{ij} 相中 j 组分的物质的量比例
Z 压缩因子

希腊字母

α Biot 常数
α 切向动量调节系数［式（2.15）］
α 系统几何形态特征参数［式（4.59）］
α_r 无量纲稀疏因子
β 非达西流动因子
γ 欧拉常数的指数，1.781 或 $e^{0.5772}$
γ_j 相 j 的梯度
δ 气体分子碰撞直径
δ_r 归一化的分子半径比局部平均孔隙半径
$\boldsymbol{\varepsilon}$ 应变张量

η 流体效率
η 热—弹常数［式（3.15)］
λ 平均自由程
μ 黏度
μ_f 小型压裂的流体黏度
$\bar{\mu}_g$ 平均油藏压力下的气体黏度
ρ 扩散混合物的摩尔密度
ρ_{avg} 平均密度
p_r 折算密度
σ 传递系数［式（3.7)］
σ 总应力张量
σ' 有效应力
τ 曲度
τ_{iomf} 组分 i 在油相中基质—裂缝间传质
τ_{igmf} 组分 i 在气相中基质—裂缝间传质
τ_{wmf} 水在基质—裂缝间传质
τ_{SEPD} 拉伸指数产能递减模型的特征时间参数
ϕ 孔隙度
ψ 物质平衡方程
ω 无量纲储容比
ω_i 每单位岩石质量组分 i 的吸附摩尔数
$\omega_{i,max}$ 每单位岩石质量组分 i 的最大吸附摩尔数

上标

n 旧时间级
$n+1$ 新时间级
s 新或旧时间级

下标

b 体相性质
f 自然裂缝
F 水力裂缝
g 气相
i 初始状态
i 组分指数
j 相指数
m 基质
n_c+1 水组分
o 油相
w 水相

国外油气勘探开发新进展丛书（一）

书号：3592
定价：56.00元

书号：3663
定价：120.00元

书号：3700
定价：110.00元

书号：3718
定价：145.00元

书号：3722
定价：90.00元

国外油气勘探开发新进展丛书（二）

书号：4217
定价：96.00元

书号：4226
定价：60.00元

书号：4352
定价：32.00元

书号：4334
定价：115.00元

书号：4297
定价：28.00元

国外油气勘探开发新进展丛书（三）

书号：4539
定价：120.00元

书号：4725
定价：88.00元

书号：4707
定价：60.00元

书号：4681
定价：48.00元

书号：4689
定价：50.00元

书号：4764
定价：78.00元

国外油气勘探开发新进展丛书（四）

书号：5554
定价：78.00元

书号：5429
定价：35.00元

书号：5599
定价：98.00元

书号：5702
定价：120.00元

书号：5676
定价：48.00元

书号：5750
定价：68.00元

国外油气勘探开发新进展丛书（五）

书号：6449
定价：52.00元

书号：5929
定价：70.00元

书号：6471
定价：128.00元

书号：6402
定价：96.00元

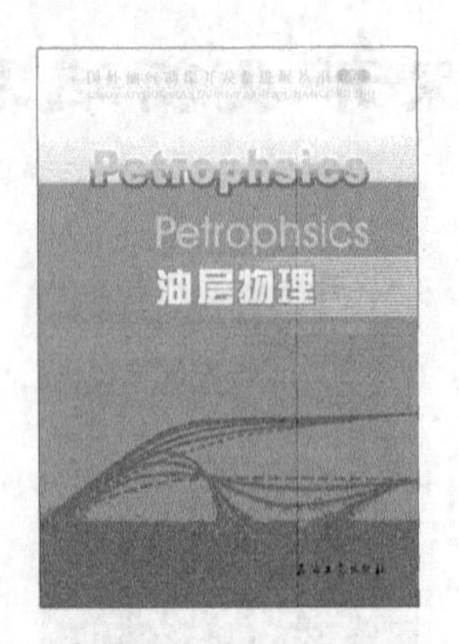

书号：6309
定价：185.00元

书号：6718
定价：150.00元

国外油气勘探开发新进展丛书（六）

书号：7055
定价：290.00元

书号：7000
定价：50.00元

书号：7035
定价：32.00元

书号：7075
定价：128.00元

书号：6966
定价：42.00元

书号：6967
定价：32.00元

国外油气勘探开发新进展丛书（七）

书号：7533
定价：65.00元

书号：7802
定价：110.00元

书号：7555
定价：60.00元

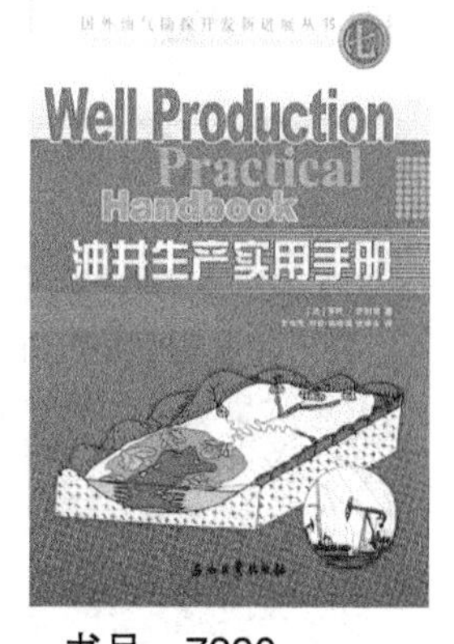

书号：7290
定价：98.00元

书号：7088
定价：120.00元

书号：7690
定价：93.00元

国外油气勘探开发新进展丛书（八）

书号：7446
定价：38.00元

书号：8065
定价：98.00元

书号：8356
定价：98.00元

书号：8092
定价：38.00元

书号：8804
定价：38.00元

书号：9483
定价：140.00元

国外油气勘探开发新进展丛书（九）

书号：8351
定价：68.00元

书号：8782
定价：180.00元

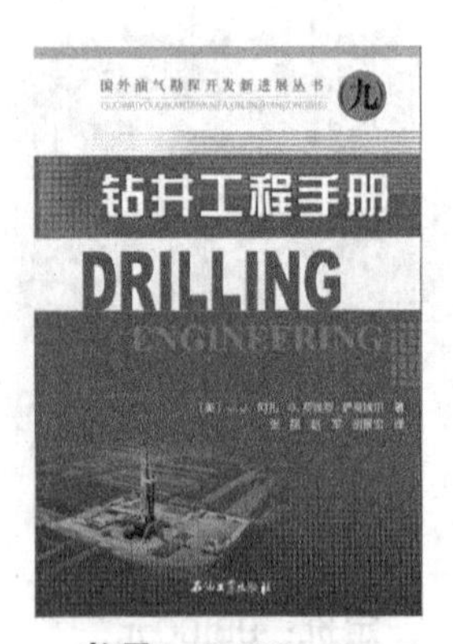

书号：8336
定价：80.00元

书号：8899
定价：150.00元

书号：9013
定价：160.00元

书号：7634
定价：65.00元

国外油气勘探开发新进展丛书（十）

书号：9009
定价：110.00元

书号：9989
定价：110.00元

书号：9574
定价：80.00元

书号：9024
定价：96.00元

书号：9322
定价：96.00元

书号：9576
定价：96.00元

国外油气勘探开发新进展丛书（十一）

书号：0042
定价：120.00元

书号：9943
定价：75.00元

书号：0732
定价：75.00元

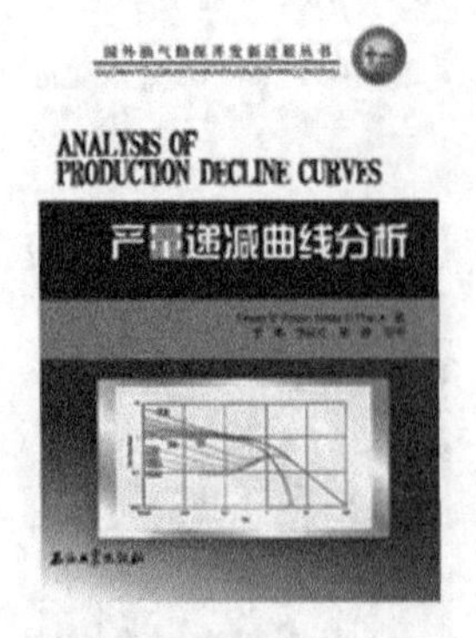

书号：0916
定价：80.00元

书号：0867
定价：65.00元

书号：0732
定价：75.00元

国外油气勘探开发新进展丛书（十二）

书号：0661
定价：80.00元

书号：0870
定价：116.00元

书号：0851
定价：120.00元

书号：1172
定价：120.00元

书号：0958
定价：66.00元

书号：1529
定价：66.00元

书号：2857
定价：80.00元

书号：2362
定价：76.00元

国外油气勘探开发新进展丛书（十五）

书号：3053
定价：260.00元

书号：3682
定价：180.00元

书号：2216
定价：180.00元

书号：3052
定价：260.00元

书号：2703
定价：280.00元

书号：2419
定价：300.00元

国外油气勘探开发新进展丛书（十六）

书号：2274
定价：68.00元

书号：2428
定价：168.00元

书号：1979
定价：65.00元

书号：3450
定价：280.00元

书号：3384
定价：168.00元

国外油气勘探开发新进展丛书（十七）

书号：2862
定价：160.00元

书号：3081
定价：86.00元

书号：3514
定价：96.00元

书号：3512
定价：298.00元

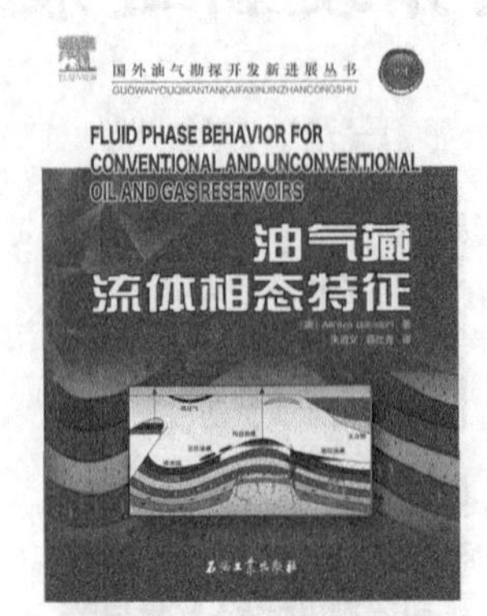

书号：3980
定价：220.00元

国外油气勘探开发新进展丛书（十八）

书号：3702
定价：75.00元

书号：3734
定价：200.00元

书号：3693
定价：48.00元

书号：3513
定价：278.00元

书号：3772
定价：80.00元

书号：3792
定价：68.00元

国外油气勘探开发新进展丛书（十九）

书号：3834
定价：200.00元

书号：3991
定价：180.00元

书号：3988
定价：96.00元

书号：3979
定价：120.00元

书号：4043
定价：100.00元

书号：4259
定价：150.00元

国外油气勘探开发新进展丛书（二十）

书号：4071
定价：160.00元

书号：4192
定价：75.00元

国外油气勘探开发新进展丛书（二十一）

书号：4005
定价：150.00元

书号：4013
定价：45.00元

书号：4075
定价：100.00元

书号：4008
定价：130.00元

国外油气勘探开发新进展丛书（二十二）

书号：4296
定价：220.00元

书号：4324
定价：150.00元

书号：4399
定价：100.00元

国外油气勘探开发新进展丛书（二十三）

书号：4469
定价：88.00元

书号：4673
定价：48.00元

书号：4362
定价：160.00元